博物馆的社会功能研究

——湿地博物馆专业委员会
2016 年学术研讨会论文集

中国自然科学博物馆协会湿地博物馆专业委员会 编

U0396544

浙江工商大学出版社
ZHEJIANG GONGSHANG UNIVERSITY PRESS

图书在版编目(CIP)数据

博物馆的社会功能研究：湿地博物馆专业委员会
2016年学术研讨会论文集/中国自然科学博物馆协会湿
地博物馆专业委员会编. —杭州：浙江工商大学出版社，
2016.9

ISBN 978-7-5178-1792-5

Ⅰ.①博… Ⅱ.①中… Ⅲ.①沼泽化地－博物馆－中
国－2016－学术会议－文集 Ⅳ.①P942.078－28

中国版本图书馆CIP数据核字(2016)第182835号

博物馆的社会功能研究

——湿地博物馆专业委员会2016年学术研讨会论文集

中国自然科学博物馆协会湿地博物馆专业委员会 编

责任编辑	何小玲
责任校对	刘　颖
封面设计	叶泽雯
责任印制	包建辉
出版发行	浙江工商大学出版社
	（杭州市教工路198号　邮政编码310012）
	（E-mail：zjgsupress@163.com）
	（网址：http://www.zjgsupress.com）
	电话：0571-88904980,88831806(传真)
排　　版	杭州朝曦图文设计有限公司
印　　刷	杭州恒力通印务有限公司
开　　本	710mm×1000mm　1/16
印　　张	11.5
字　　数	188千
版印次	2016年9月第1版　2016年9月第1次印刷
书　　号	ISBN 978-7-5178-1792-5
定　　价	40.00元

序

陈博君

　　2016 年 9 月，我们将如约迎来中国自然科学博物馆协会湿地博物馆专业委员会第六次全体大会暨学术研讨会。在被誉为"秦汉神仙府，梁唐宰相家"的常州金坛，湿地同行们的再次相聚，意义非凡。湿地博物馆专业委员会学术研讨会自 2011 年举办第一届以来，已经成长为中国自然科学博物馆协会的品牌学术活动。研讨会旨在为相关领域的实践者、研究者和管理者搭建交流平台，以理论和实证研究引领湿地场馆的前进与发展。

　　本次研讨会聚焦在"博物馆的社会功能研究"主题下，从六个方面加以阐发，即博物馆如何有效推动社会的可持续发展，博物馆与社会公众的互动关系——主动、引导或迎合，博物馆的展览评估体系研究，移动互联网时代的博物馆运营与服务创新，中小博物馆与民营博物馆的可持续发展，博物馆科教活动的创新之举，进而分享研究成果、实践经验，研讨解决问题的方式方法，涌现了不少真知灼见。

　　经过本届湿地博物馆专业委员会学术研讨会专家组的严格审稿，本集最终收录论文 23 篇。这些论文都是各成员单位以及关注湿地保护的社会各界人士在日常工作中的总结与心得，通过丰富的实践与鲜活的实例，传递出一个共同的理念：从实际出发，勤于思索，勇于创新，为中国的湿地保护事业贡献一分力量。

　　感谢中国自然科学博物馆协会湿地博物馆专业委员会的大力支持，感谢为此次学术研讨会提供精彩论文的作者,更感谢为此书的编辑出版付出辛劳的各位。希冀读者能从中获得思想的火花、经验和借鉴。

出于各种原因,本论文集中难免有不当之处,欢迎广大读者批评、指正。

2016 年 7 月 5 日

于中国湿地博物馆

目　录

湿地科普教育互联网模式研究

俞静漪

（中国湿地博物馆）

【摘　要】湿地是推行环境教育的理想场所。从孩童时代开始接受环境教育，可为实现可持续发展的未来起到最大的作用。移动互联网背景下，科普教育的信息化建设面临新的机遇。本文总结了中国湿地博物馆为青少年提供的多元化学习机会，为湿地环境科普教育从线下走向"互联网＋"提供了有效范例。

【关键词】科普教育　互联网　中国湿地博物馆

一、引言

2014年起，全国"科普信息化"迎来了大爆炸的发展阶段，各类科普场馆开始有意识地组织以互联网为载体的科普活动，同时也开始利用微信、微博等新媒体传播手段，吸引更多的观众参与到科普活动中来。当年，对比2013年数据，仅通过互联网进行的"全国科普日"重点活动，就增加了约80%。[1]科普活动在互联网背景下的转型时代已经到来，全国科普场馆正面临科普宣教信息化的新机遇和新挑战。

二、科普教育的"互联网＋"时代特点

2016年初，国务院印发《全民科学素质行动计划纲要实施方案（2010—2020

年)》,将"节约能源资源、保护生态环境、保障安全健康、促进创新创造"作为全民科学素质工作的主题,并提出:"推进信息技术与科技教育、科普活动融合发展。……帮助青少年正确合理使用互联网。大力开展线上线下相结合的青少年科普活动,满足青少年对科技、教育信息的个性化需求。"

"互联网＋科普"催生传统科普工作的改革。科普领域的融合创新,必须要符合时代特点,本文总结了互联网带来的科普工作"四个转变",并以中国湿地博物馆为例,介绍湿地科普工作的"互联网＋"实践经验。

(一)从借助媒体宣传转变为自媒体传播

在没有自媒体概念前,科普场馆的主要宣传途径局限于与传统媒体的合作,展讯、活动预告等需要通过报纸、杂志、电视台等渠道发布。"广撒网"式的宣传方式并不一定就等于"多捞鱼"。首先,媒体宣传具有非常强的选择性和时机性,如报纸类媒体受众普遍为年龄较长者,电视台宣传往往因错过播放时间而遗失部分受众;其次,传统媒体的宣传受宣传经费及媒体版面等客观因素的影响较大,通常较难对活动进行持续性的完整宣传,常以预告类、总结类为主要宣传内容。而以微博、微信为代表的自媒体平台,关注者本身就是对场馆具有一定兴趣的群体,信息传播更直接。而且,在自媒体上开展宣传,可以全程跟进活动进展情况,通过文字、图片、视频、互动活动等不断加温,使宣传效果更完整连续。

(二)从线下活动推广转变为线上活动落地

科普场馆的传统宣传方式为线下有活动、线上做推广,媒体起到的是辅助作用,对活动报名、活动开展情况进行预热或总结回顾。现在,已经有越来越多的场馆开始注重在线活动的设计策划,投票、问卷、讲解、小游戏、VR参观……随着新媒体的发展成熟,科普场馆也将不再局限于现阶段的线上互动,可以预见的是,不久将会有更多品牌科普活动从线上落地。

(三)从走进场馆转变为把场馆带回家

随着青少年素质教育的发展,越来越多省市将博物馆、科技馆、美术馆等作为学生实践必去的场所。根据中国湿地博物馆数据统计,每年都有超过50万青少年进馆参观及参与活动。如何使青少年在参观之后有所收获,将自己感兴趣的内容带回去,继续深入学习,是科普场馆在策划活动时一项重要的考量依据。新媒体发展至今,从技术层面上,将场馆内容、展览信息、科普知识等融入移动客户端,已经非常成熟且简便。这不仅提升了科普场馆的受众黏度,也切实促进了青少年对科普知识的兴趣发展。

(四)从单一场馆活动转变为全球网络联盟

传统型科普活动,通常以场馆本身策划执行为主,也会在国际博物馆日、科普周等主要节庆日联合开展一些广场活动。在新媒体的作用下,更多场馆开始结成联盟,甚至形成国际化的全球科普网络,用户只需点击屏幕,即可实现跨区域的交流学习,真正做到随时随地参与,多元多维互动。

三、湿地科普教育互联网模式的探索与实践

当今世界,以数字化、网络化、智能化为标志的信息技术革命日新月异,互联网日益成为创新驱动发展的先导力量,深刻改变着人们的生产和生活,有力推动着社会发展。信息化和全球化相互促进,带来信息的爆炸式增长,以及传播表达方式的多样性,使科学传播变得无比高效、方便快捷和充满乐趣。[2]2009年开馆的中国湿地博物馆,在湿地科普教育与互联网相结合方面的探索已经有了多年的实践。中国湿地博物馆通过自媒体的有效运营,将科普活动与文创产品相结合,同时通过建立全国湿地类博物馆矩阵等方式,对湿地科普教育互联网模式进行了有效尝试。

(一)充分利用平台增强互动

中国湿地博物馆开设了网站、微博、微信等自媒体渠道,由专人负责日常运营维护,并委托专业团队进行技术指导。博物馆自媒体不再只是线下活动的宣传窗口,而是通过开展一系列辅助活动,增强了展览活动的互动性。

在博物馆的实际运营中发现,近几年,越来越多的科普场馆成了孩子们周末的好去处,但由于为成人准备的展厅解说太过专业,小朋友听着不免枯燥,博

物馆的宣传册页也都是成人版的,常常让孩子们参观学习的兴趣荡然无存。2015 年底,中国湿地博物馆启动了儿童版语音导览录制项目,并将其定位为微信免费收听。博物馆整理出了 30 个主要展项,并配上了基本解说内容,小朋友可以根据这些内容进行改写,改编成故事,讲述参观心得。博物馆还邀请小朋友进行语音录制,用孩子们自己的方式传播他们感兴趣的内容,让孩子们有更强的参与感。在参观中国湿地博物馆时,每个展项前都有微信平台的二维码,游客只需要扫一扫,就可以听到孩子们的讲解,不再需要租用语音导览器或听人工讲解。这一项目在推出时就引发了媒体的强势关注,博物馆共收到 200 余位小朋友录制的语音 DEMO,正式上线后,成为微信平台粉丝增加的长效渠道。

自媒体平台可以承载多元化的内容。语音作为较常用的方式,没有视频的大流量限制,适合与图文相结合进行传播。中国湿地博物馆有声科普课堂"耳朵游湿地"应运而生。该课堂在每个节气推出一期,讲科普与节气、湿地、自然有关的小知识,并给出适合当下进行的亲子活动建议,倡导大家走进大自然,随时随地从身边学习自然科学。该栏目开设后,受到广大青少年的欢迎,此后博物馆开始尝试邀请青少年共同参与录制,或由青少年结合主题进行自由创作,增强与受众的互动性。栏目同时还受到其他新媒体平台的关注,受邀在"多听FM"上线,并在其首页推广,创下节目上线 15 分钟,收听人数逾 4000 人次的纪录。

中国湿地博物馆网站在建设初期,就充分考虑了移动互联网对人们生活的影响。2010 年,网站开通伊始,就开设了 720°全景网上参观栏目,与后来出现的AR 增强现实技术十分类似。游客可登录中国湿地博物馆网站,进入 720°全景游览栏目,从博物馆入口进入展厅,根据设计好的游览线路点击箭头前进,也可在参观过程中自行点击箭头选择详细参观该导览点。此举为游客提供了便捷预览的服务,尤其是外地游客,可以足不出户就直观地了解博物馆概况。

有了 720°全景网上参观栏目的尝试,中国湿地博物馆又进一步对移动互联网与展览相结合的方式进行探索。在"生命奥秘·脊椎王国——动物标本展"期间,博物馆通过手机 APP,倡导游客将展览带回家。只需在展厅处扫描二维码下载导览 APP,走近展品时,APP 即可自动识别,并播放讲解,同时还可查看文字、图片说明,这对博物馆临时展览来说是一种非常值得推广的模式,临时展览往往只开放几天到几个月,展览参观结束,游客在家也可以继续通过 APP 回顾该展览或其中的某件展品。

(二)充分利用资源开发产品

充分利用自媒体平台的传播便捷性,开发相关文创产品,吸引垂直用户,是中国湿地博物馆近年来通过网络及移动终端做出的另一项有效尝试。尝试用文化创意,将湿地文化与人们的生活、感情、需求对接起来,通过自媒体平台这一载体,开发文创产品,对展览活动进行延伸。

每年开学季,学校布置的包书皮作业总是让家长们又爱又恨,甚至有媒体对市场上的书皮进行抽样检测,检测报告显示几乎全部书皮都含有有毒物质。对此,中国湿地博物馆想到了西溪湿地老底子的传统女红——织土布。用土布包的书皮不易损坏,可以重复使用,用它替代纸质或塑料纸书皮,更环保也更安全。于是,"土布书皮活动"应运而生。中国湿地博物馆通过"绿色教育进学校"项目,带着这些原生态的土布走进了杭州 14 家小学,通过宣教员讲解、示范,同学们自己动手学习使用针线,自己缝制土布书皮。活动受到了杭城各大媒体的追捧,不仅是宣教员走进学校,有更多的孩子利用双休日时间来到博物馆传统女红坊开展体验。此后,中国湿地博物馆还推出了更多传统女红项目,如茶染、中国结、宫灯、贴布绣等,并在博物馆官方纪念品商店同步出售土布书皮成品,即使是外地游客,也可以便捷地选购,当作有西溪特色的旅游纪念品。

除了湿地文化的开发,中国湿地博物馆也尝试对湿地植物进行文创产品的开发互动。近年来,多肉植物以其萌萌的外表和懒人养殖的特点,逐渐被大众所喜爱。在此基础上,湿地博物馆找到了还未被大众所熟知的另一种懒人植物——空气凤梨,利用它无须土培的特点,开发出"活的书签"项目,将空气凤梨与干花自由组合,形成一支支独一无二的活的书签。将干花梗夹在书本中,空气凤梨暴露在空气中,定期喷洒少量的水,每天光照即可开花。植物科普与兼具实用功能的书签相结合,使该活动一上线就受到青少年的追捧,博物馆不得不加场以满足更多的报名需求。

(三)充分利用网络联结同行

近年来,湿地越来越受到人们的关注和重视,依托湿地建立的湿地场馆在普及湿地知识、推广湿地文化、开展湿地研究等方面有着重要的作用。湿地场馆作为向社会公众展示湿地科普、保护与研究的最直观、生动和有效的平台,其建设发展与我国湿地保护研究事业紧密相连。

中国湿地类博物馆联谊会成立于2010年10月15日,由中国湿地博物馆倡导发起。目的在于凝聚、整合湿地保护力量和资源,促进、加强全国湿地类博物馆之间的交流与合作,为共同发展提供新平台,为推进我国湿地保护事业进一步发展做贡献。随着联谊会宣传动员工作的深入,凝聚力的提升,知名度的不断扩大,2011年,联谊会升格成为中国自然科学博物馆协会湿地博物馆专业委员会。成员单位散布在全国各地,如何有效地将大家联结起来,形成更强的湿地保护和湿地文化研究力量?中国湿地博物馆再次运用了互联网。

2016年,湿博专委会、中国绿色时报社、百科知识杂志社共同发起了"发现中国最美湿地场馆,为TA投票"活动。投票在中国湿地博物馆微信及两大杂志社自媒体共同上线,17家湿地场馆参与候选,访问量超过100万,累计投票数40万。不少场馆通过当地媒体发动全省力量共同投票,引起非常强大的宣传联动效应。湿地博物馆在策划之初,就较好地运用了互联网思维,通过网络,把全国各地的同行联合在一起,达到了1+1>2的效果。

四、结语

湿地科普教育在互联网时代下正焕发出新的生机,要抓住时机,立足湿地文化,充分挖掘实体场馆科普方面的资源,在继续发挥场馆传统科普传播作用的同时,加快开发互联网科普阵地,充分利用网络优势,链接同行资源,形成线上线下联动效应,提高公众科学素养,促进我国湿地科普事业的发展。

参考文献

[1] 胡其峰.聚焦全国科普日:信息化织就"科普网络"[EB/OL].(2014-09-18)
[2016-07-05]. http://tech.gmw.cn/2014-09/18/content_13279632.htm.

[2] 王延飞.推进科普信息化应突出五个着力[EB/OL].(2015-12-18)[2016-07-05]. http://www.sdast.org.cn/article.php?id=27508.

大连自然博物馆科普教育活动刍议①

王　丹　李弘明　李晓丹　江　雪　张　旭

（大连自然博物馆）

【摘　要】人们对博物馆的认识经历了漫长的过程，最初，人们简单地把它看成一个保护国家历史、民族文化和自然遗产的收藏机构。随着社会的发展，人们不仅开始重视博物馆的保护研究功能，而且更加注重它传承和传播文化的社会教育功能。本文主要从博物馆角色的演变、博物馆科普教育的概念、大连自然博物馆科普教育活动的现状三个方面进行论述，为更好地开展博物馆科普教育活动提供理论和实践依据。

【关键词】大连自然博物馆　科普活动　刍议

一、博物馆角色的演变

博物馆诞生之初，职能比较单一，是王公贵族为满足对珍奇玩物的好奇心而建立的收藏机构，并不对一般社会公众开放。14—15 世纪的文艺复兴，在社会上掀起了保存古物之风，博物馆也纷纷扩大收藏。1773 年，英国的阿什莫林博物馆对公众开放，成为世界第一家公共博物馆。它同时也是一座依附于高校的博物馆，客观上就具有教育的功能。在 1984 年的《新世界的博物馆》报告中，美国博物馆就明确将教育功能放在了最重要的位置："如果藏品是博物馆的心脏，那么我们所称的教育——以一种内容丰富、能够激发观众兴趣的方式呈现

①　基金项目：中央补助地方科技基础条件专项资金资助成果之一。

物品和理念的承诺——就是其灵魂。"就此,博物馆教育的角色发生重大变化,教育实至名归地成为博物馆的核心功能。

中国历史上最早筹建博物馆的是张謇,他在 1905 年就提出筹建将博物馆与图书馆合二为一的"博览馆"。同年,他建立了我国近代第一座真正意义上的公共博物馆——南通博物苑。"南通博物苑成立之初就以教育广大人民为主要目的,以期达到开化思想、教育救国的目的。"[1] 1912 年,教育总长蔡元培在北京国子监旧址主持筹建了我国第一个国立博物馆——国立历史博物馆,其建馆宗旨一样体现了教育机构的角色——"搜集历史文物,增进社会教育"。此后,在蔡元培等人的积极倡导和赞助下,中国出现了一大批近代意义上的博物馆。

二、博物馆科普教育的概念

在《中国大百科全书·教育》中"教育"词条的释义为:"现在一般认为,教育是培养人的一种社会活动,它同社会的发展、人的发展有着密切的联系。从广义上说,凡是增进人们的知识和技能、影响人的思想品德的活动,都是教育。狭义的教育,主要指学校教育,其含义是教育者根据一定社会(或阶级)的要求,有目的、有计划、有组织地对受教育者的身心施加影响,把他们培养成为一定社会(或阶级)所需要的人的活动。"博物馆科普教育就是广义教育的一种,是"在学校之外,有目的地增进人的知识和技能,影响人的思想品德的教育活动"[2]。它是"以实物为基础,通过对藏品进行科学研究,举办各种陈列展览,让人们在站立和行走的交替运动中,围绕着'物'这个中心,依赖视觉,并辅以听觉、触觉等其他感官共同作用,通过观察、阅读、听讲,或者触摸及操作等活动接受、加工和记忆信息的认识过程"[3]。博物馆教育所涉及的内容非常广泛,包括陈列展览的语音导览和讲解工作,科普教育活动的策划和组织开展工作,配合学校开展的第二课堂活动,讲座和专题报告会的举办,博物馆读物的编辑出版,等等。

三、大连自然博物馆科普教育活动的现状

大连自然博物馆始建于 1907 年,是中国建馆最早的综合自然史博物馆,至

今已经有 100 多年的历史。大连自然博物馆于 1998 年完成新馆建设,馆内有各种标本近 20 万件,珍贵标本 3 万余件,陈列的展品包括地质、古生物、动物、植物等很多方面。从 2009 年 5 月 18 日开始,大连自然博物馆免费对公众开放,观众数量大大增加,不仅包括学生,还包括成人、老人等。为了增强观众的参观感受,大连自然博物馆策划、组织开展了内容多样、形式灵活的科普教育活动。

(一)人工讲解

人工讲解是博物馆传统的教育手段,"辅导性的讲解工作是博物馆社会教育中不可忽视的工作,是服务于观众的重要方法"[1]345。心理学的研究表明,人们只从视觉获得信息的时候,由于大脑活动局限,记忆的效果远不如视觉与听觉共同作用时的效果。博物馆展示的实物或图片是观众视觉的主要信息来源,讲解员的语言则能揭示展品之间的内在联系和陈列的意义,可以引导观众将直观视觉观察获得的粗浅的感性认识,上升为对陈列主题思想的理性认识。大连自然博物馆的讲解方式主要包括以下三种类型:博物馆专职讲解员提供的定时讲解服务、经过培训的志愿者提供的讲解服务、专家提供的展厅答疑。其中,专职讲解员的讲解工作会结合一定的主题,按照一定的脉络,加入一些创新元素,开展各式各类、形式灵活的科普教育活动;志愿者中的"家庭组合"式讲解服务为大连自然博物馆志愿者服务特色,由 1 名家长和 1 名孩子组成,家长讲解知识性强的内容,儿童讲解趣味性高的内容,这种服务形式受到观众的一致好评;专家提供的展厅答疑也受到发烧友的热捧,很多相关知识的爱好者根据博物馆专家的服务时间慕名而来,获得第一手信息。

(二)语音导览机等多媒体辅助设备讲解

自助导览设备以其方便操作,可以最大程度发挥观众的思考力和想象力等优势,受到观众的普遍青睐。观众手持语音导览器,来到某件展品面前,点击相应数字按钮,就能够听到专业的讲解。随着数码技术的升级和应用的普及,大连自然博物馆运用二维码技术后,观众只要扫描二维码,即可以通过手机免费听取相应展品的内容介绍,甚至了解到许多展品背后的故事,充分满足了参观者的好奇心与求知欲,更好地实现了博物馆的教育职能。

(三)手工操作类活动

这类活动主要指一些小实验、小制作,包括"蝴蝶标本制作"(图1)、"恐龙挖掘体验"、"翻制化石模型"、"挑沙粒"、"手工香皂"、"基因手链"、"压制徽章"、"风筝彩绘"、"植物变色小实验"、"种子画"(图2)等。这类活动主要是亲子动手活动,活动对象通常是5—10岁的儿童及其家长。家长是孩子的第一任老师,也是孩子全面发展最重要的奠基人,博物馆教育过程中家长的缺位会影响到孩子们学习和体验的质量。因此,博物馆通过策划亲子活动,为家长和孩子提供一个共同学习、共同体验的机会,使孩子和家长在互动中增进亲子关系,同时让儿童在观察、动手、玩耍中积累经验,体验科学的乐趣。

图1　蝴蝶标本制作　　　　　　图2　"种子画"活动现场

(四)夜间错时类活动

博物馆夜间开放可以增添城市文化气息,丰富市民精神生活,更是建设与国际城市接轨的博物馆开放运营态势的一种表现形式。大连自然博物馆早期进行夜间开放,主要选择在"5·18"国际博物馆日或者寒暑假期间,围绕一定的主题安排开展丰富多彩的科普活动,例如博物馆奇妙夜(图3)、博物馆探宝夜等。自2016年开始,大连自然博物馆破除"早九晚四"开放时间的约束,变革常态开放的时间,在夏季延时开放,放大博物馆科普教育的作为,为市民多提供一个文化陶冶去处。

图 3　博物馆奇妙夜

(五)节假日主题活动

以大连自然博物馆 2015 年节假日参观人数与平常日做对照,节假日(主要统计的是元旦、春节、清明等)日均参观人数 4172 人,平常日(包括周六、日)平均 1586 人,节假日参观人数是平常日的 2.6 倍,节假日参观者大多以家庭共游的方式参观,为此大连自然博物馆在节假日安排了很多针对青少年的主题活动,例如,发现恐龙拓展营(图 4)、博物馆嘉年华、多彩蝴蝶拓展营、翻制化石模型拓展营、"魅力草原"盛装舞会、鉴宝大会、奇妙的昆虫世界拓展营等。这些活动因整合了多项内容和采用了多种形式而受到普遍欢迎。

以发现恐龙拓展营为例,其大致情况为:

活动对象:5—8 岁小朋友,每个小朋友可有 1—2 名家长陪伴。

主要内容:互动＋展厅"表演式讲解"＋绘画＋手工 DIY＋擂台赛等。

活动时间:2011 年元旦。

图 4　发现恐龙拓展营

（六）知识竞赛类活动

大连自然博物馆自2010年开始举办"走进博物馆，探索大自然"系列科普竞答类活动（图5）。活动主要针对10—16岁的青少年儿童，包括"一对一"答题环节和互动答题环节，内容涉及矿物、古生物、动植物等方面的知识，活动结束后通常还有参观博物馆展厅环节。这种寓教于乐的方式唤起了观众探索大自然和生物奥秘的好奇心，受到参与者的一致好评。

图 5　"走进博物馆，探索大自然"科普竞答活动

(七)科普小讲堂

大连自然博物馆科普小讲堂的授课对象是 5—10 岁的小朋友。这个年龄段的儿童具有天然的好奇心,对"会动"的物体和色彩艳丽的物体具有浓厚的兴趣。因此,大连自然博物馆充分利用博物馆的资源及空间优势,使小朋友通过多媒体、标本、教具等多个途径了解每个主题的内容,充分调动小朋友的手、眼、口、鼻、耳等,激发小朋友对自然科学文化知识的兴趣。例如,"蛇迷蛇趣"科普小讲堂(图6),主要是配合大连自然博物馆 2013 年蛇年春节生肖特展而举办的;"感恩母亲节——出生的秘密"科普小讲堂,主要是针对母亲节设计的。

图 6 "蛇迷蛇趣"科普小讲堂

(八)技能培训类活动

大连自然博物馆自 2013 年起举办小讲解员培训班(图7)。培训班利用博物馆的资源优势,结合讲解技巧、展厅实践、自然科学文化知识传播(展厅标本知识普及、科普讲座、DIY 动手制作、室外诱捕昆虫、植物认知、海边采集贝类)等多种方式进行授课,同时,我们的优秀学员"结业"后还能以志愿者的身份登上大连自然博物馆展厅这个实践的舞台。这类活动受到了广大家长和学员的一致好评!

图 7 小讲解员培训班

（九）学术讲座类活动

公众讲座是博物馆教育的重要方式之一，讲座内容可以围绕本馆展示、收藏、研究、最新科研成果等主题，做系统、前沿、权威的介绍，帮助观众深入了解相关主题的背景知识。同时，也提供了一个社会公众与学者、专家直接交流和互动的机会。大连自然博物馆每周末都会为观众安排专家讲座（图 8），每场讲座的平均听讲率高达 80％以上，听众主要是对讲座内容感兴趣的人群。

图 8 "与专家面对面"讲座

(十)异地开放类活动

除了在博物馆内部开展各种教育项目,博物馆教育活动还可以将"课堂"直接搬进学校、社区、部队、商场等一些场所。例如,大连自然博物馆举办的"和恐龙携手,与自然相约"大型恐龙展、"大连地区植物多样性"展览(图9)、"海洋贝类及应用展"、"大连地区第四纪古动物化石科普展"(图10)、"大型海洋动物骨骼标本特别展"等非常贴近生活、贴近公众、贴近实际的展览就走进了大连瑞格中学、普兰店市图书馆、八一路街道河园社区、金普新区复州湾中心小学、沈阳铁岭兴隆大家庭等地。针对展览还举办了图书捐赠、免费讲座和有趣的系列科普活动。博物馆通过加强与学校、部队、企事业单位、社区、商场等的协作,能够更好地发挥其教育功能,实现科普教育范围的扩大化、科普教育方式的多样化及科普层面的多元化。

图 9 植物展社区活动现场   图 10 化石展学校活动现场

(十一)学校教育延展类活动

博物馆和学校同为教育机构,学生是任何一家博物馆都必须重视的观众群体,博物馆在策划和实施教育项目时,必须重视学校和教师的参与及配合。博物馆应该注重国家教学课程的推广,一个教师可以带动一批批学生,教师既是博物馆的特殊观众,也是博物馆教育最好的实践者、传播者。博物馆应为教师提供完善的配套资源,包括提供资料、教学方案、标本实物等的文化包,适合教师选修的课程,同时开展与教育基地学校的合作。例如,大连自然博物馆开展的"大连市青少年自然科学知识挑战活动"(图11),就是博物馆与学校和老师积极配合而成功开展的一项教育活动。该活动的对象是全日制高、中、小学的在校学生及其辅导教师，博物馆为学生和老师提供活动平台和教育资源。这项活动在培养学生的研究、思考和自我展示能力，以及提高学习、探索热情等方面都起到了积极的作用。

图 11　大连市青少年自然科学知识挑战活动

四、结语

大连自然博物馆的科普教育事业经过多年的摸索和发展，在很多方面都有了很大的进步，但与国内其他非常优秀的博物馆和西方发达国家博物馆相比，教育职能还远远没有得到充分的发挥。例如，美国很多学校的一部分正式课程都安排在博物馆的展厅、库房、图书馆等地进行，正规与非正规科普教育基本趋于融合，博物馆已经成为学校教育之外名副其实的第二课堂；另外，在国外很多博物馆，多种教育方式交叉并存，它们会针对不同的人群（儿童、青少年、教师、成年人），甚至会针对不同年级的学生（从幼儿园到十二年级不同年龄段）设计不同的教育活动。在博物馆教育资源、网络的利用和教育数据的统计方面，我们也有很大提升空间，例如国外的博物馆有教育中心，配备教室和教材，还支持远程学习和可视会议。同时，国外博物馆还会对不同类型教育活动和不同年度教育活动进行比较与评估，其详细的教育活动数据可为日后开展教育工作提供依据；国外博物馆还会在学校开展教学活动前，针对不同内容需求，提供搜索网站及相关博物馆的资讯。例如，"美国官方博物馆名录"就载有北美大概 6000 个博物馆的藏品资料等。

今后，我们还需要不断从国内外先进博物馆的教育理念和方式中吸取经验,提升博物馆科普教育水平,在深化教育服务理念、丰富教育活动形式和扩展教育职能范畴等方面下功夫,充分挖掘博物馆的教育资源,更好地为社会服务。

参考文献

[1] 王宏钧.中国博物馆学基础[M].修订本.上海:上海古籍出版社,2001.

[2] 王英.论博物馆教育[J].东南文化,1987(3):94-99.

[3] 余玉龙.试析博物馆教育的特性[J].中国博物馆,1988(3):87-88.

星湖国家湿地公园
科普宣教设计与创新工作初探①

武　锋　邱国庆　李世伟　吴国华

（广东肇庆星湖国家湿地公园管理中心）

【摘　要】科普宣教工作是实施科教兴国战略的一项基础性工程,是提高全民科学文化素质的重要任务,是传播科技教育的主要形式,同时也是各类博物馆(科技馆)等科普场馆的重要功能之一。近年来,国家和地方政府都十分重视湿地公园建设工作,科普宣教是湿地公园四大职能之一。如今,多数国家湿地公园内都建有一定规模的博物馆(科普馆),如何设计湿地公园的科普规划和科普宣教方式将影响科普宣教的效果。本文以星湖国家湿地公园为例,提出湿地公园科普规划的"点""线""面"结构,从博览展示、解说系统、参与体验三个方面分析了星湖国家湿地公园的科普宣教方式,为其他相关单位的科普宣教设计提供参考资料。

【关键词】湿地公园　科普宣教　规划设计　星湖

一、前言

广东省委、省政府十分重视湿地保护工作,先后出台湿地保护相关条例、政策或法规 12 个,持续推进湿地保护工作,目前已建湿地保护区 165 个、湿地公园 95 个,湿地保护率达 50%,湿地公园(保护区)数和湿地保护率分别位居全国

① 基金项目:广东省科技厅项目(2015A070706002)。

第一、第二位。未来几年,广东将大力建设以湿地公园为主体的绿色生态水系,至 2017 年,全省湿地公园将达 180 个。[1]

湿地公园(Wetland Park)是以湿地良好生态环境和多样化湿地景观资源为基础,以湿地科普宣教、湿地功能利用、弘扬湿地文化等为主题,并建有一定规模的旅游休闲设施,可供人们旅游观光、休闲娱乐的生态型主题公园。[2]科普宣教功能是保证湿地公园健康、长足发展,以及保护、教育、提升国家公园形象的重要保障。近年来,湿地公园因其独特的生态条件、丰富的生物多样性及优美的自然景观,陆续成为市级、省级、国家级科普教育基地、青少年科技教育基地、生态文明教育基地等,湿地公园的科普宣教功能日益突出。湿地公园的科普宣教设计是寻求一个湿地与人类相互理解、共同发展的过程,需从生态保护、空间展示、环境心理等多方面进行探索和研究。

目前,国内正在掀起一股建设湿地公园的高潮,但是,当前国内湿地公园科普宣教在形式及内容方面比较薄弱,建设同质性较高,对游人的吸引力不足,科普效果降低。如何针对星湖国家湿地公园的特点对其进行科普宣教的构建是本文研究的目的和思路。耿满等[3]以乌溪江国家湿地公园为例,将资源宣教内容确定为植物资源、动物资源、人文资源、湿地生态资源、地质资源的科普宣教等,同时提出以室外宣教、室内宣教和其他形式的宣教三种科普宣教方式进行,以期展示出湿地公园最具亮点与特质的科普宣教系统。谷康等[4]从博览展示、参与体验、解说系统三个方面对东海湿地公园的科普宣教进行专项探索。任利霞等[5]指出,应从科普宣教布局、整体结构规划和循序渐进引导规划方面对苏州阳澄湖半岛湿地公园进行科普宣教规划。

本文以星湖国家湿地公园为例,从科普宣教结构规划和科普宣教形式两方面进行探索和研究,以期为我国其他湿地公园的科普宣教规划设计及科普宣教内容提供参考资料。

二、星湖国家湿地公园概况

(一)地理位置

广东星湖国家湿地公园位于广东省肇庆市端州区中心,地理坐标为东经

112°26′36″~112°30′11″,北纬 23°03′26″~23°05′19″之间,总面积 935 公顷,其中湖泊湿地面积 677 公顷,主要包括仙女湖、青莲湖、里湖、中心湖、波海湖和东调洪湖,同时还包括森林沼泽湿地、草本沼泽湿地及内陆岩溶洞穴水系等多种湿地类型。公园规划包括整个七星岩景区、渤海公园、环湖绿道及正在建设的东调洪湖。其区划分为四个功能区:管理服务小区,鸟类栖息地保育区和恢复区,东调洪湖湿地生态建设区,湿地与森林游憩区。星湖国家湿地公园科普教育功能突出,已经成为广东省科普教育基地、肇庆市科普教育基地。

(二)环境质量优

星湖国家湿地公园环境空气质量良好,二氧化硫、氮氧化物、悬浮颗粒物各因子均优于环境空气质量标准一级标准值,环境空气质量现状为一级,达到地表水Ⅲ类标准。空气负离子含量在 4000 个/立方厘米以上。园内绿树成荫、凉风习习,年均气温 21.6℃,年降雨量 1665.6 毫米。

(三)生物多样性丰富

(1)有植物 713 种。陆生植物为以热带常绿树为主的热带—亚热带分布型。野生植物 361 种,栽培植物 200 种,水生植物 24 种,浮游植物 128 种。

(2)有湿地动物 401 种。其中,哺乳动物 21 种,隶属 5 科 9 科;爬行动物 25 种,隶属 2 目 6 科 18 属;两栖动物 13 种,隶属 1 目 5 科 7 属;鸟类 163 种,隶属 21 目 51 科;鱼类 71 种,隶属 5 目 14 科;浮游动物 108 种。园内有国家一级保护鸟类丹顶鹤,国家二级保护鸟类小白鹭、苍鹭等 23 种。

三、星湖国家湿地公园科普宣教的结构与创新

星湖国家湿地公园科普宣教规划可以理解成"点""线""面"的结构,这种创新结构方式起着引导游人活动的作用,同时与星湖本身的平面布局相呼应。

"点"结构即为湿地公园中的游人活动聚集点,也是游客聚集和逗留时间较长的场所。这里应该是湿地科普宣教的重点区域,通过对"点"结构的布置来吸引游客驻足,让他们在欣赏湿地美景的同时潜移默化地接受湿地科普知识。星

湖国家湿地公园目前的宣教中心、观佛岛、南方鸟岛、丹顶鹤岛、落羽杉林,以及以后规划打造的金沙滩、灵芝岛、禾花水道,就承担着湿地"点"结构的功能。

"线"结构即为连接点的线性空间,诸如园路、廊道、航道、水上栈道和桥等各个景点的联结结构,是与游线结合引导游人行进的活动空间。星湖湿地公园里面的竹荫小路、历史悠久的水月桥、蜿蜒曲折的水上栈道很好地串起了公园的科普点,形成了有次序、有逻辑的游览线路。

"面"结构即为湿地公园中所有景观的结合空间,是湿地生态系统整体性的展示,也是体现湿地风貌的重要内容。整个星湖国家湿地公园构成一个完整的"面结构",游人在整个湿地生态环境中能够全面接受湿地科普宣教内容,提高对湿地保护重要性的认知,提升自身参与环保的责任感和意识。星湖国家湿地公园这种独特的"点""线""面"结构使得科普宣教系统充满逻辑性,科普知识更容易被游客、青少年团体熟记、掌握。

四、星湖国家湿地公园科普宣教的内容及方式

(一)科普宣教的内容

星湖国家湿地公园科普宣教的内容主要包括星湖国家湿地公园的历史、湿地生态系统、湿地生物多样性、湿地文化、湿地保护及建设生态技术等,主要通过博览展示、解说系统及参与体验等方式进行科普宣教。

(二)科普宣教的方式

星湖国家湿地公园根据科普宣教规划和湿地公园不同功能分区,采用多种类型的宣教方式,主要包括博览展示、解说系统及参与体验三种。

1. 博览展示

星湖国家湿地公园内设有宣教中心,是专门用于开展科普教育的主要场所,常年免费向游客开放。宣教中心总面积 1250 平方米,其中室内面积 250 平方米。室内设有宣传栏、大型展板、X 架等,用于展示湿地知识、鸟类知识和相关宣传画;设有多媒体视频播放设备,常年播放湿地宣传片;还有湿地水族缸、

湿地环境模拟区,以及宣教中心墙体上的湿地科普宣传长廊。室外是湿地植物科普园,划分为湿地植物种植区、草地半湿环境植物种植区、中草药种植区、湿地农耕工具展示区,主要展示丰富多样的湿地植物,并展示湿地植物对星湖水质的净化作用。湿地植物吸收、分解星湖水中的污染物,从而净化水质。在几个相互隔离的实验水池中种植不同的水生植物,通过观察,可以明显看到不同湿地植物对水质净化作用的差异,真真切切地向游客展示出湿地的功能。

表 1　星湖国家湿地公园博览展示的内容与形式

	展 板	电子屏幕	标本模型	虚拟场景	实 物	通过观察器械
知识和法规	√	√	×	×	×	×
整体生境	√	○	√	○	√	×
湿地动物	√	○	√	○	√	√
湿地植物	√	○	√	○	√	√
生态技术	√	○	√	×	√	×
湿地农业	√	√	○	×	√	×
湿地文化	√	○	×	○	√	×
湿地景观	√	√	○	×	√	×

注:√经常使用,○为可以使用,×极少使用。

2.解说系统

星湖国家湿地公园的解说系统分为牌示解说系统和语音解说系统两大类,主要采用的形式有解说宣传牌、解说图册、宣传单张、星湖画册、多媒体解说(幻灯片和视频、科普导游解说),其中,科普导游解说包括专业人员解说和电子解说。它们对星湖国家湿地公园的科普宣教功能具有重要的辅助作用。星湖国家湿地公园的牌示解说系统分布在整个湿地公园,有大型的湿地知识宣传牌、植物简介牌、湿地科普园植物特制解说牌等。此外,园区内布置了二维码扫描,配备了电子触摸一体机、星湖国家湿地公园微信公众号、网站等现代媒体的解说系统,游客可更加快捷地获取更多科普知识。

星湖国家湿地公园解说内容主要包括:湿地类型介绍及星湖湿地成因,湿地净化水质的功能及湿地水质净化效果,湿地公园动植物资源,湿地文化,湿地生态系统的重要性,以及湿地与人类的关系等。

3.参与体验

参与体验是一种通过建立湿地探险体验及湿地试验体验,让人感知湿地的方式。[6]

星湖国家湿地公园具有完整的湿地生态系统,地处肇庆市城中心,地理位置重要,同时星湖作为全国重点风景名胜区,旅游资源丰富,生态景观得天独厚,湿地文化渊源厚重。

星湖国家湿地公园里的湿地捕捞、脚踩水车、观鸟平台等设施是游客参与实地体验的着力点;环星湖周边的中国最美绿道、大型广场,为市民、游客提供了运动健身的场所;湿地文化摄影、苇岸垂钓也成为大家休闲的新方式。此外,星湖国家湿地公园定期举办世界湿地日、世界地球日、世界环境日、野生动物保护宣传月、星湖渔乐节等专题湿地、环保宣传活动,组建星湖湿地保护志愿者队伍,开展湿地科普进社区、进校园,让公众更多地互动和参与到湿地保护当中。

五、结语

湿地公园作为湿地保护及可持续发展的重要载体,利用其良好的生态系统、生态文化、历史文化和自然景观,结合科技手段,对大众进行科普宣教。同时国家湿地公园的科普宣教是认知湿地、保护湿地资源、改善湿地生态环境、合理有效并持续利用湿地景观资源和国家湿地公园的重要保障。[7]本文以星湖国家湿地公园为例,结合星湖实际情况,分析了星湖国家湿地公园的科普宣教规划设计和科普宣教的形式,以期能为同行的湿地科普教育提供参考,充分发挥出湿地公园的科普宣教功能。

此外,我们还要努力营造良好的科普社会氛围,创新科普宣传的载体,丰富科普宣传的形式,动员全社会参与科普宣传,发挥科普教育在提高全民科学素质中的重要作用。

参考文献

[1] 黄应来,林荫.南方日报:后年广东省湿地公园将达 180 个[EB/OL].(2015-11-09)[2016-07-05]. http://www. gd. chinanews. com/2015/2015-11-09/2/361069. shtml.

[2] 百度百科.湿地公园[EB/OL].(2016-05-18)[2016-07-05].http://baike.baidu.com/subview/709357/19062976.htm.

[3] 耿满,蔡芳,付元祥.乌溪江国家湿地公园科普宣教体系的构建[J].林业调查规划,2015,40(3):91-94.

[4] 谷康,刘倩.东海湿地公园科普宣教专项规划探索[J].规划师,2013,29(5):51-54.

[5] 任利霞,朱颖.湿地公园科普宣教规划方法探讨——以苏州阳澄湖半岛湿地公园为例[J].苏州科技学院学报(工程技术版),2015,28(2):48-53.

[6] 栾春凤,林晓.城市湿地公园中的人类游憩行为模式初探[J].南京林业大学学报(人文社会科学版),2008,8(1):76-78.

[7] 邓侃,但新球,王隆富,等.我国湿地公园的主导功能与建设要求[J].湿地科学与管理,2011,7(1):40-44.

论博物馆如何更好地提升
青少年科普教育的效果

——以中国湿地博物馆为例

姜伟俊

（中国湿地博物馆）

【摘　要】不同类型的博物馆作为公共文化服务机构，都有一个共同的目标——做好青少年群体的科普教育工作。当前的博物馆科普教育存在严重的"同质化"倾向，往往达不到预期的效果。本文通过分析博物馆科普教育存在的问题及其产生的原因，找到科普教育需要改变的方向，并以中国湿地博物馆为例，提出了部分提升科普教育效果的方式方法。

【关键词】博物馆　青少年　科普教育　效果

博物馆是重要的公共文化服务机构，不同类型的博物馆有不同的侧重点，针对不同的受众群体提供某一行业或者某一领域的专业知识和人文感受。我们比较熟悉的博物馆有自然科学类博物馆、社会历史类博物馆和文化艺术类博物馆，这些场馆虽然各有侧重，但是在针对青少年群体的科普教育方面却有共通之处：每一种类型的博物馆都希望通过馆内的陈列展览、科普活动和专业讲座等途径向青少年传播公共文化，传达科学知识，培养审美情趣，提升人文素养，从而达到对青少年进行科普教育的目的。因此，如何更好地提升科普教育的效果，将是每一个博物馆都必须面对的问题。

新的《博物馆条例》（以下简称《条例》）已经于 2015 年 3 月 20 日正式施行了，这是博物馆行业的首个全国性法规，里面规定了博物馆的社会服务体系，明确指明了今后博物馆要为市民提供更多更好的公共文化服务。新《条例》在第一章"总则"中明确指出："本条例所称博物馆，是指以教育、研究和欣赏为目的，收藏、保护并向公众展示人类活动和自然环境的见证物，经登记管理机关依法登记的非营利组织。"新《条例》将博物馆的三大目的做了次序的调整，特别把教育提到了首位，这个对"博物馆"定义的细微修正，凸显了博物馆在教育方面的重要作用。所以，博物馆变"课堂"将会是未来的首要任务。如何做好博物馆的教育工作，尤其是青少年科普教育工作，是今后博物馆工作的重点。本文就以中国湿地博物馆为例，谈一谈博物馆如何能够更好地提升青少年科普教育的效果。

一、当前博物馆科普教育存在的问题和原因

当前博物馆的科普教育存在着普遍的"同质化"倾向。所谓"同质化"，主要是指科普教育的形式和内容都比较相近。主要的形式都是通过博物馆的固定陈列展览，包括展厅中的图板、多媒体等来进行科学知识的普及，而同一类型的博物馆在固定展厅所展示的科普知识内容往往大同小异，而且场馆开放之后很少会对展厅的内容进行改动。这样的科普教育模式缺少双向的交流和互动，也无法衡量实际收到的教育效果，因为从根本上来说，接受科普教育的群体是被动的，这样的模式或许在开馆初期会有一定的吸引力，但是从长期来说，无法激发受众，特别是青少年群体的科普兴趣。走马观花式的观展、冗长的文字介绍和单调的视频讲解限制了教育的广度和深度，实际效果寥寥。除了固定的陈列展览、展厅图文和多媒体，大多数博物馆也会安排一些临时的科普活动，但是这些科普活动往往缺少专业的策划，单独设置不成系列，没有内容上的连贯性，而且很多都是在借鉴其他场馆比较成熟的内容和模式基础上稍加修改就投入使用，因此又催化了科普教育"同质化"的现象。

博物馆"同质化"现象的产生实际上是由主观和客观等多种因素共同作用的结果，同时也是博物馆事业在发展过程中不得不面对的一个问题。我们先分析一下博物馆教育模式产生"同质化"的原因。

首先，现代化信息传播技术的广泛应用，是博物馆科普教育模式"同质化"现象产生的条件。现代科技的迅速发展使博物馆的从业人员可以更方便、更快捷、更深入地了解整个行业的发展状况和研究水平，同时也使得相对成功的科

普教育模式在短时间内迅速在各地博物馆普及开来。然而,这种方便和快捷是把双刃剑,我们在享受它所带来的好处的同时,也会逐渐丧失主动思考的能力和自我创新的动力,最终会因为一味地借鉴和模仿,丧失场馆自我的风格和特点。长此以往,博物馆科普教育的创意会越来越少,不同区域的博物馆在科普教育的模式上会愈加趋同,进而导致"同质化"现象的产生。

其次,博物馆陈列展览的产业化发展趋势,加速了博物馆科普教育模式"同质化"现象的产生。博物馆的科普教育很多都是通过陈列展览的方式来实现的,而当前的博物馆陈列展览设计和施工项目已成为一项新兴的产业。在谷歌搜索引擎中搜索"博物馆展览公司"这个关键词,有高达788万条与之相关的结果,这反映出展览市场存在着一个巨大的产业群体。这个群体主要是为博物馆的陈列布展和展陈改造项目服务的。由于行业本身还处于发展阶段,缺乏相应的行业法规和行业自律,这种商业运作模式以追求利润最大化为目标,应用到博物馆的展览设计当中,必然会导致陈列展览的模式化和流水线化,这样的结果就会促成依赖陈列展览开展科普教育的模式更加雷同。

再次,忽视博物馆自身的类型和地域性等文化特点,进一步催生了科普教育模式"同质化"现象。我国博物馆的现状是,省会级以上的博物馆往往拥有较好的经济条件和较高的社会影响力,聚集了相当数量的文化研究和科普教育人才,能够将博物馆自身的特点,包括展示类型和地域特点等,很好地设计到科普教育的内容中,利用博物馆的软硬件设施和场馆内外环境去丰富和创新教学方式,从而很好地提升科普教育的效果。而一些地市级的博物馆,由于缺乏资金和人才支持,在科普教育的创新和发展方面往往心有余而力不足,总是简单地拷贝一些其他场馆相对成熟的教育模式和内容,但是由于场馆的定位和类型不一样,生搬硬套有时候起到的效果非常有限。

另外,大部分博物馆的科普教育都还局限在场馆内部,没有延伸到场馆之外,一方面没有很好地利用场馆的外围环境开展科普教育,另一方面也缺少行业间的沟通和交流,无法有效拓展科普教育发展的时间和空间,这也是目前博物馆在大多数人看来还不够亲切和活泼的原因,而正是这些原因,导致青少年群体主动走进博物馆的积极性不高。

二、博物馆科普教育存在提升的空间

博物馆的科普教育虽然存在着"同质化"倾向，但是我们通过分析该现象产生的原因，针对这些原因找到解决问题的方法，也就能够更好地提升科普教育的效果。如何利用博物馆开展更加生动和丰富的科普教育活动，笔者认为需要从以下几个方面进行尝试和突破，并以中国湿地博物馆的科普工作为例来分析和阐述。

（一）立足场馆，精心打造富有特色的科普展览和科普活动，举办与场馆主题相关的讲座，吸引青少年主动走进博物馆

博物馆应通过打造趣味性和互动性兼具的科普展览激发青少年的求知兴趣，在做好宣传报道的基础上，吸引青少年走进博物馆，主动学习展览所要传授给他们的科学知识。在这方面，中国湿地博物馆一直在努力尝试，并且取得了较好的成效。例如，在 2013 年举办的"湿地精灵·蝶影缤纷"蝴蝶展上，中国湿地博物馆除了展出大量的蝴蝶标本以及与蝴蝶相关的各门类物件之外，还独具匠心地养殖了活体蝴蝶，还原了真实的蝴蝶谷、蝴蝶洞场景。青少年通过身临其境式的观察了解到蝴蝶世界的丰富种类，对蝴蝶的生活产生了浓厚的兴趣，进而主动地了解有关蝴蝶的科普知识。此外，2016 年上半年，中国湿地博物馆还推出了脊椎动物标本展，通过引进种类丰富的活体动物标本，震撼性地展示了脊椎动物的神经系统、呼吸系统、泌尿系统和生殖系统，这些内容同青少年的课堂知识相结合。他们通过观看展览，更加真切地了解到脊椎动物的内部结构，加深了对科普知识的理解，对课本知识做了非常有益的补充。

除了举办内容丰富、形式多样的科普展览，还需要通过开展各种各样的科普知识竞赛和举办主题明确的科普活动，提升青少年学习科普知识的求知欲。中国湿地博物馆自开馆以来，已经开展了多次科普知识竞赛活动。例如，2013年为响应中央提出的"在全社会大力倡导节俭之风"的号召，中国湿地博物馆开展了一场"从简"环保包装创意设计大赛，鼓励艺术院校的学生利用所学到的科普知识对各种废旧材料进行改造，创作出富有创意的环保包装作品，从而拓宽

了青少年的科普知识,也激发了他们的求知欲望。平时,中国湿地博物馆还通过展厅内互动显示屏里定期更新的各类湿地科普知识竞赛的栏目来激发参观者的兴趣,吸引青少年竞猜答题,引导他们对原先欠缺的科普知识做更深入的学习研究,潜移默化地提升青少年群体主动学习的动力。

在做好科普展览和科普活动的基础上,还可以通过开办与场馆主题相关的讲座提高科普知识的传播范围。中国湿地博物馆会定期组织开展西溪湿地知识的宣传讲座,邀请周边社区、街道、中小学和大专院校的青少年朋友来馆聆听专业讲座,了解湿地文化、掌握湿地知识,并通过他们的推广,进一步带动广大社会群体对湿地生态的关注,通过系统展示西溪科学文化研究的成果,让湿地科普走进更多的家庭。此外,中国湿地博物馆还从 2015 年开始启动"西溪湿地环境教育模式研究"项目,组织馆内科研力量编写了西溪湿地环境教育课程讲义,组织青少年在西溪湿地开展环境教育活动,并提炼出反响较好的课程如"生态瓶 DIY""苔藓微景观制作"等参与暑期夏令营科普活动,收到了良好的社会反馈。

(二)走出场馆,策划系列科普教育活动,加强同学校、社区的交流,加快对外交流的步伐,提升科普教育的影响力,扩大科普知识的目标群体

为了让科普活动有更大的发展空间,博物馆科研人员需要做好科普教育内容的策划,打造以场馆主题为中心的系列科普活动,并主动联系学校开展相关活动。中国湿地博物馆围绕湿地主题,精心打造的绿色教育三进活动(进学校、进社区、进社团)已经连续开展了数年,走进了杭城数十所大中小学校、数十个社区和相当数量的社团,受到了青少年群体的广泛欢迎。2016 年,我们对绿色教育三进活动进行了深化改版,首次尝试"科普资源包进课堂"的活动形式,共开发叶子的艺术——粘贴画、叶子的艺术——叶脉书签、lulu 和她的朋友们、土布包书皮 4 项科普手工制作活动。主要是通过对科普内容进行知识的编排成册和根据内容主题配备手工材料包一起发放到学生手上,享受一场好玩又能普及湿地相关知识的科普教育活动。据初步统计,绿色教育三进"科普资源包进课堂"活动影响力已覆盖杭城,目前已有近 1500 名学生直接参与活动体验。另外,我们还打造了"忆民俗·知民俗·承民俗"湿地民俗主题活动,联合民间手工艺人与学校开展合作,带着艺人走进学校,让青少年学习和动手操作剪纸、棕编、土制香囊、做花模糕点、编西溪小花篮等西溪湿地传统活动,通过接触传统手工,拓展科普空间,学到更多书本之外的科普知识。

科普活动不仅要走进校园、走进社区,还要做好对外的交流,同国外先进的科普教育机构开展合作,互通有无,取长补短,进一步提升科普教育的水平。中国湿地博物馆打造的绿色燎原国际科普营,借助中国湿地博物馆和西溪国家湿地公园两大平台,组织开展全球性的交流,学习国际先进的环境保护和教育理念,加深公众对湿地知识的了解和认知,同时也通过开展青少年国际湿地科普营等活动向全世界介绍西溪,宣传西溪湿地的文化,让更多的世界友人了解西溪湿地,展现我们多年来在青少年中持续开展环境教育的成果。到 2016 年已成功举办 5 期,相继走进了我国的香港、台湾,以及新加坡、韩国和法国的湿地。2015 年中国湿地博物馆还同法国卡马格湿地博物馆签订了战略合作协议,意欲在科普教育、信息互通、学术交流方面,通过系列活动的开展,有效推动双方在湿地文化方面的深入交流。2016 年中国湿地博物馆还将带领青少年走进斯里兰卡国家湿地,开展丰富的科普活动。

除此之外,2016 年中国湿地博物馆还推出了"西溪湿地科普教育互联网模式研究"项目,推出"耳朵游湿地"有声故事 5 期,将湿地知识整理成一个个短小且受欢迎的小故事,通过专业的播音员对文字资料进行诵读、录制,并经过微博、微信等现代化媒介传送到关注湿地环保的青少年群体的耳中,科普知识的教育通过这种新颖的方式呈现,取得的效果也非常好。同时,为了帮助社会大众更好地了解全国的湿地场馆,进一步推动我国湿地科普和保护研究事业的发展,2016 年 3 月份至 9 月份,中国湿地博物馆还联合中国绿色时报社、百科知识杂志社等单位共同开展以发现"中国最美湿地"为主题的评选活动,让更多的青少年了解中国的湿地种类和相关科普知识。

(三)寻找可以开展科普教育的合作单位,发挥双方的优势特长,打造内容丰富的科普教育基地,进一步提升科普教育的效果

中国湿地博物馆与西湖区委防范办和区反邪教协会合作,建设了西湖区科普反邪教警示教育基地,为反邪工作搭建平台,通过科普图板、多媒体触摸屏、科普反邪游戏、科普反邪动画等多种表现形式,宣传科学,反对邪教。根据西湖

区委反邪办和区反邪教协会提供的科普资料,结合自身科普资料库,中国湿地博物馆特别制作了反邪教游戏软件,通过游戏过关的形式吸引青少年群体的兴趣,寓教于乐。同时,中国湿地博物馆还利用可容纳 50 人的 4D 影院常年播放 3D 反邪影片《小法科科说反邪》,最大程度宣传反邪知识。此外,中国湿地博物馆还针对讲解员进行了科普反邪方面的专业讲解培训,在观众需要时能提供良好的讲解服务,更好地向大众传播科普反邪知识,年累计观众超 50 万人次,充分发挥了"宣传科学,反对邪教"的作用。

同样,中国湿地博物馆与西湖区司法局开展合作,在中国湿地博物馆一楼打造了"五水共治"暨环保法治教育基地。基地自 2014 年"12·4"法制宣传日暨首个国家宪法日开馆以来,已经迎来了逾 20 万人次参观者。基地通过对环境法律的历史内容展示、环境保护"三大件"、"环保生活每一天"、"五水共治"路线图以及西湖区重大治水工程等内容的介绍,宣传环保科普知识,鼓励青少年投身环保事业。除大量的图文知识介绍外,还注重通过多媒体视频,滚动播放微电影、动漫和公益广告等宣传环保科普,并设置了环保创意手工 DIY 获奖作品展示区。除了开辟展厅,中国湿地博物馆也针对青少年群体专门开设了以"五水共治"为主题的绿色教育课程,设计了以环保科普为主题的信息交互平台和互动游戏。通过参观基地,青少年对治污水、防洪水、排涝水、保供水、抓节水有了更深刻的认识,科普教育的效果非常好。

此外,2016 年,中国湿地博物馆还同西湖区总工会合作,组织开展了外语讲解系列培训活动,组织外籍留学生志愿者讲解队伍和选拔培训小小外语讲解员队伍,将湿地环保的科普知识融入英语解说词当中,通过志愿者和小小讲解员把环保科普传递给更多的国外友人,提升科普活动的影响力。同时,中国湿地博物馆还和杭州新月农业科技有限公司和爱田有机等社会机构合作开展"阳台改造家"活动,希望通过邀请青少年参与活动体验,让更多的家庭在自家阳台种植盆栽有机蔬菜,学习有机种植,在体验种植乐趣的同时,也丰富了相关的科普知识。

三、总结

青少年的科普教育是一项长期而重要的工作,博物馆的青少年科普教育工作一定要跟上时代发展的步伐,特别是新的《条例》出台之后,彰显了中央对我国博物馆科普教育工作重视程度的提高,说明博物馆不能够停留在原先的思维意识当中,而是需要利用场馆自身条件,不断地丰富科普教育的内容,优化科普教育的方法,提升科普教育的效果,从而真正让更多的青少年群体走进博物馆,让博物馆真正发挥出应有的作用。中国湿地博物馆在青少年科普教育方面已经走出了扎实的步子,并且希望在新的《条例》指导下与更多的同行探讨研究科普教育的思路、方法,学习优秀的教育理念,拓展更多的教育领域,走出一条富有特色的科普教育之路。在此,也与所有的湿地场馆同行共勉。

宁夏湿地博物馆环保科普教育活动的设计理念与成效

毕　烨

（宁夏沙湖旅游股份有限公司沙湖旅游分公司）

【摘　要】环境是人类生存和发展的基本前提，随着社会经济的发展，社会公众愈益强烈地发出"关爱自然、保护环境"的呼声，宁夏湿地博物馆立足湿地特色，设计实施系列环保科普教育活动，使游客从活动中认识到重视自然和保护环境的重要性，从而最大限度地发挥湿地博物馆的教育功能。本文结合宁夏湿地博物馆环保科普教育活动，从博物馆的基本情况及教育活动的特点、教育类型及设计理念、教育活动成效三方面阐述博物馆开展环保科普教育活动的方法和经验。

【关键词】湿地　保护环境　科普教育　博物馆　设计理念

塞上江南，神奇宁夏，魅力沙湖。宁夏湿地博物馆地处国家5A级生态旅游区沙湖的南岸，集鸟岛观鸟、鸟类检测站、湿地保护为一体，蕴含丰富的环保科普教育资源和展示平台。为达到科普教育的目的，结合馆内外资源设计，组织实施开展的各项活动，不仅丰富了参观学习的内容，增添了旅游情趣，也唤起了广大游客，尤其是青少年朋友"爱护鸟类、保护环境"的意识。

一、宁夏湿地博物馆的基本情况和教育实施的方向

宁夏湿地博物馆是我国西北第一家以湿地为背景的博物馆，是自治区级科

普教育基地、宁夏自然科学博物馆协会理事单位、中国湿地博物馆联谊会会员单位,也是目前西部地区湿地博物馆中规模最大、设施最先进、展品最完善的专业化湿地类博物馆,是对外宣传交流、普及湿地类科普知识、展示湿地保护成果、唤起公众爱护湿地保护环境的意识和行为的重要窗口。

为进一步增强湿地生态保护、湿地环境教育和生态旅游等功能,更好地保护和开发利用沙湖湿地这一珍贵生态资源,宁夏湿地博物馆充分征求业界专家的意见,在功能设计、结构布局、外观形态和特色营造方面,有效地体现了生态环境保护和人与自然的和谐统一。

宁夏湿地博物馆搭建了广泛的科研教育服务平台,教育活动秉承低碳、环保、科普、生态、人文的宗旨,向公众宣传爱鸟环保意识,普及湿地科学知识,通过立足湿地,做透环保科普教育活动,深化博物馆科普教育功能,努力打造环保科普教育的支持者、践行者、推动者和引领者,成为独具西部特色的环保科普教育基地。

二、宁夏湿地博物馆环保科普教育活动的特点

宁夏湿地博物馆结合实际特点,精心组织开展了多次主题鲜明、生动直观的环保科普教育活动,帮助青少年树立正确的世界观、人生观、价值观。湿地博物馆现已成为大、中、小学热爱环境、保护湿地,树立理想和探索人生意义的重要基地,被学界称为青少年理论与实践学习的第二课堂。它有别于传统教育,并具有以下突出特点。

(一)场所类型多样,活动参与性强

宁夏湿地博物馆分为序厅、宁夏厅、沙湖厅、芦花剧场、4D 影院、娃娃鱼馆、儿童乐园等多个功能厅,并结合声、光、电、像等先进数字化技术,将湿地知识、湿地生物、湿地文化、湿地与人类关系、环境保护、科普科研、收藏展览、演艺娱乐和旅游服务有机结合,每个功能厅都有其特殊的参观学习和教育意义,使游客朋友在观光游览过程中增长见识,树立保护生态环境的意识,馆内年人均接待量达 85 万人次。每年定期聘请区、市环保专家、学者到景区来举行生态资源

及湿地专业知识专题讲座,通过多次培训,增强了游客参观的兴趣,丰富了宣传内容,扩大了宣传范围,为基地切实开展各项科普教育活动融入了新的活力和动力,也为顺利开展环保科普宣传工作奠定了坚实的基础。其实,开展环保科普教育活动的场所远不只这些,博物馆依托沙湖生态旅游景区,拥有资源丰富和环境多样化的教育氛围,能引起更多游客朋友的注意力,使游览参观的朋友与资源亲密接触,快速激发参与活动的兴趣。

(二)环境优越、资源丰富、适合年龄阶层广泛,有利于教育活动的设计及实施

湿地博物馆集博物馆与旅游景区为一体,享有得天独厚的地理位置。东有鸟类监测站、万亩荷花苑,西有国际沙雕园、海狮表演馆,南有沙漠驼队、飞车滑索和连绵起伏的金沙,北有农垦博物馆、鹤舞广场孔雀园、碧水蓝天映鸟岛、游船穿梭芦苇荡。每处景点都具有丰富、独特的宣教资源,不仅有利于环保科普教育活动的设计及实施,而且提高了教育活动设计种类的多样性,同时适应各阶层不同年龄段的游客,达到活动全覆盖的设计预期,提高游客群众参与活动的热情。在实施过程中,高年龄阶层的群众能快速领悟、积极参与配合,对带动低年龄阶层的参与者起到直接作用,不仅便于对活动实施成果进行多样性分析,也为活动现场增添了气氛,起到示范引领作用。

(三)活动内容新颖多样,实施效果异曲同工

开展科普教育活动不能局限在单一形式和内容上。每一项活动设计在确立教育活动意义和引导目的后,都会根据参与者的年龄、认识水平和接受领悟能力,设计形式多样、顺应时代所需、构思巧妙、载体各异、新颖多样的活动内容。还会通过提供精彩专业的讲解团队,让参与者轻松融入活动,体验其中的乐趣和受到教育。通过展示大量的环保科普信息进行实地参观、培训学习、切实参与等不同形式的教育方式,从多个角度增长科普教育知识,强化参与动手能力,引导开发智力、活化思维,使广大受众在不同的活动形式中达成共识,提升素质,拉近亲情,互相影响和学习。

三、宁夏湿地博物馆环保科普
教育活动的类型及设计理念

博物馆举行的环保科普教育活动类型丰富,主要有动手操作类、讲座培训类、竞技比赛类、舞台表演类、实地考察类,每个类别都有不同的意义、价值和影响,在设计活动时为了达到目的和效果都能够穿插反复应用。

动手操作类活动因贴近现实,互动性强,参与者在玩的同时全身心投入,把玩和学有机结合,在观察、动手、创作、交流中积累经验,切身感受到探索趣味,深受青少年学生的喜爱,多次取得较好的活动成效。

讲座培训类活动一直是湿地博物馆传播教育活动的常规项目之一,为了使活动生动有趣,让参与者吸收更多的环保科普知识,从内容到形式上推陈出新,在趣味性、科学性、参与性上都做了提升,并运用网络在线观鸟和4D科普动感影院为讲座注入了新的培训教育模式,受到参与者的一致认同和喜爱。

竞技比赛类活动不仅在内容上拓宽参与者的知识面,而且在形式上激发参与者的竞争与合作意识,使参与者能够更加积极地学习掌握知识,掀起社会的学习关注热潮,带来很好的社会效益。

舞台表演类活动是由少年儿童扮演湿地的动物角色如"沙宝宝、湖贝贝",演绎成长日记情景剧,通过孩子稚嫩精彩的表演向观众诠释热爱自然、保护环境、珍惜湿地、呵护鸟类的社会责任,宣扬人与自然友好相处,人与社会和谐发展的理念和重要的价值观,这种方式非常新颖。

实地考察类活动具有专业性强、涉及面广的特点,通过馆内的工作人员专业热情、耐心细致的讲解,并结合数字化设备的应用,配合馆外实地的考察和学习,让参与者在更深入地感受和学习的同时认识到爱护生态、保护环境的重要性。

宁夏湿地博物馆教育活动的设计主要是跟踪社会焦点,结合景区丰富的资源,配以特有情景进行整体活动的设计和实施。

宁夏湿地博物馆在环保科普教育方面历经6年的探索和尝试,形成了独具宁夏湿地博物馆特色的教育风格,立足湿地,围绕环保科普发展的主题进行,目前国际观鸟节活动、湿地联谊会活动和湿地科普知识论坛已成为馆内宣传湿

地,保护环境的主要宣传工具。(活动情况详见表1)

表1 宁夏湿地博物馆环保科普教育部分活动和内容

活动名称	活动内容
"同一片湿地,同一片蓝天"环保主题活动	通过"科普、观鸟、旅游"活动,开展科普宣教,提高公众的环境保护意识,唤起广大公众热爱自然、保护环境、珍惜湿地、呵护鸟类的社会责任,促进人与自然友好相处,人与社会和谐发展
"保护湿地,爱护鸟类,共建和谐家园"万人签名活动	该活动普及科学知识,激发公众保护湿地与鸟类意识的公益活动。通过签名留言、祝愿寄语及公益倡导,发展保护湿地与鸟类的支持者、践行者、推动者和引领者
"西湖秀水汇沙湖"活动	来自杭州的三位"西湖秀水天使"将取自西湖"三潭印月"的秀水注入沙湖,以宣传生态环保的主题,意在把西湖的环保理念注入黄河,象征着生态环保理念已成为青少年的共同愿景和自觉行动
"保护生态资源,保护环境,龟回大自然"活动	放"龟"进湖活动让游客们亲身体验,感受放生回归自然,揭示了保护生态资源,维护生态物种多样性的重要性
世界地球日"美丽地球,我来描绘"活动	通过绘画比赛展示亲子互动的艺术创作,从内心发出对大自然的向往、对环境保护的渴望和对鸟类的关爱
"校企联盟进景区"活动	北方民族大学5000名新生畅游沙湖,参观湿地博物馆,对普及环保知识、爱护湿地资源、保护生态环境发挥了重要的科普教育作用
"亲近自然新体验·我在湿博过六一"亲子活动	参观湿地博物馆,观看4D科普影片和"沙宝宝、湖贝贝"成长日记情景剧,让教学走出课堂,让亲情离心更近,为孩子们提供玩与学的第二课堂

(一)发现社会现象,追踪社会热点,扩大焦点效益

在计划实施活动设计之前,有必要做大量的社会调查和发现,因此要跟进社会焦点,走进青少年群体,关注他们的行为习惯。确定目标对象,发现目标点,找到好的解决办法是做好活动的根本。宁夏湿地博物馆结合实际,开辟了鸟岛、鸟观测站、湿地博物馆"三点一线"的环保科普旅游专线。在实现企业社会责任方面,仅2015年就有超过10万名中小学生在基地参加了环保科普教育活动。为了使教育活动保持常新,宁夏湿地博物馆充分利用广大游客关注的热

点来设计教育活动,以扩大活动影响力。一方面,社会的关注点能够吸引公众的关注,这样可以占据优势把握先机;另一方面,社会的热点往往是当下最新的现象,如能借题发挥,必然能赋予环保科普教育活动以新思路。

在"十二五"期间,湿地博物馆结合自身发展特点,充分利用"五四""七一""十一""全国科普日"等重要节日,举行科普展览、科普讲解、广播宣传、文艺演出等一系列特色鲜明、主题突出的宣传活动。同时充分利用基地的资源优势,广泛开展了内容丰富、形式各样的主题活动,将日常工作与环保科普教育紧密结合,在旅游接待服务工作中为中小学生提供有利、有益的宣传教育服务,让广大青少年在游览景区的同时,获得湿地知识、情感、理想、信念和科学发展观教育。

以世界地球日、世界湿地日、世界环境日和全国科普日四大节日为切入点,利用其深受公众关注的焦点,结合节日主题和湿地博物馆特色,推动开展相关宣传教育活动。如宁夏湿地博物馆在沙湖国际观鸟节举办之际,以4月22日地球日为契机,开展环保科普主题活动"美丽地球,我来描绘",旨在通过此次绘画比赛引导青少年儿童了解湿地,湿地与人类之间的关系,关注湿地变化,从而引发青少年保护湿地、爱护环境的意识。在日益严峻的环境保护问题上,通过开展"变废为宝"、阿拉伯沙瓶艺术设计、沙画苇画设计比赛,提高了中小学生旧物变新、再生利用的环保节能创新意识和动手能力。这些活动的开展对青少年来说意义重大、影响深远。

(二)整合社会资源,建立多方联动

环保科普教育工作依靠单一力量,仅在宁夏湿地博物馆开展是远远不够的,必须充分合理地整合社会可利用资源,扩大资源可用面,编织资源共享网。宁夏湿地博物馆与西溪国家湿地公园两大平台,针对青少年策划组织开展全球性湿地科普和环境教育交流活动,编织世界湿地保护同盟网络,以星星之火可以燎原的方式坚持一站走遍全国,向各地发出保护湿地的倡议,积极牵头,搭建平台,每年开展一次湿地类博物馆联谊,加强环保科普教育工作的交流合作。

博物馆作为社会教育机构的另一种存在表现形式,应充分利用好博物馆资源,最大限度地提供好社会公众所需求的精神食粮。为充分发挥科普教育基地功能,抓好青少年为重点的环保科普教育工作,宁夏湿地博物馆主动与学校、教

育行政部门强强联手，找寻博物馆教育和学校教育的结合点，共同担当起对青少年进行科学素质教育的重任，开启馆校互动合作方案。其间，博物馆与北方民族大学建立了校企联盟，签订了战略合作意向，建立产学研合作长效机制，深度开发和建设环保科普教育基地的潜在能量。

四、宁夏湿地博物馆环保科普教育活动的成效

科普教育活动组织实施后，以景区网站、微信、微博、现场访问和问卷调查等方式对活动展开评估，通过征集到的活动留言和提出的相关建议来反思活动的长处和不足，从参与者的配合度和完成度情况反思活动设计是否符合受众的兴趣，以活动实施结果来反思是否达到预期效果。活动的评价和反思直接关系着今后活动开展的教育成效，也对今后设计实施其他教育活动起到定向引导功能，有利于开展环保科普教育工作的研究和发展。

宁夏湿地博物馆利用环境日、中国旅游日、六一儿童节、母亲节、父亲节等节假日，推出系列环保公益科普教育活动。银川多所小学与宁夏湿地博物馆共同举办了"亲近自然新体验·我在湿博过六一"亲子体验游活动，共有530多名家长、老师和小学生参与。这场暂别都市、亲近自然、放飞心灵的户外科普活动，开创了学校+场馆教学模式的实景体验游，搭建起了学生、家长和老师在户外课堂共同参与的全新平台，赢得了全体师生和家长的一致好评。

（一）参与度高，影响面广

沙湖国际观鸟节已经连续举办5届，其开幕式在博物馆拉开帷幕，影响力辐射全国。来自"中国·宁夏综合湿地管理国际研讨会"的100多位国内外专家学者、近千名北方民族大学学生、300余名沙湖中小学生、数百名游客代表以及30余家中央、地方主流媒体记者和著名网站代表参加了活动。此外，环保科普教育"三进活动"走进博物馆，20余所学校，多个周边社区和12个大学生社团进行主题宣讲100余次，累计已有95万余人次参观宁夏湿地博物馆，直接受教育人数55000余人，间接受益人数由社会公众对该活动的知晓度而定，暂无法统计。

(二)科普教育方式得当,社会各界受益良多

宁夏湿地博物馆开展了类型多样、寓意深远的环保科普教育活动,使社会各界人士受益良多。他们愿意接受参与式学习的新模式,积极参与到环保科普主题教育的活动中来。这些活动在为他们带来欢快的学习氛围和新颖的学习方式的同时,使他们收获了更多的环保科普知识,拓宽了知识面,发扬了人心深处真善美的一面。

五、结语

宁夏湿地博物馆作为宣传湿地知识,呼吁人类爱护生态保护环境的重要平台,在直观地提供给广大游客参观学习、参与教育的平台的同时,也是湿地生态环境的评估师,我们要以己之责,尽己之力,唤起更多的人热爱自然,保护环境,清洁水源,净化空气,消除雾霾,与鸟类同呼吸、共命运,为人类与自然和谐统一共同努力,为我们共同的家园携手创造,在今后的发展过程中更好地发挥环保科普基地的示范带动作用,不断总结强化开展环境保护、科普宣传教育工作的新篇章,不断深化改革,为环保科普基地的建设与发展注入新的活力。

参考文献

[1] 中国自然科学博物馆协会.中国科普场馆年鉴:2014 卷 下[M].北京:中国科学技术出版社,2014.

[2] 钟琦.自然科学博物馆科学教育活动[M].北京:科学普及出版社,2008.

[3] 赵芳,于志水.中小学生户外教育活动的设计和实施[C]//中国科协科普部,中国科协科普活动中心.科普教育基地动员策略.北京:科学普及出版社,2014:113-119.

论提升湿地科普宣传教育活动水平
对湿地保护的意义

尚　薇

（甘肃省张掖城市湿地博物馆）

【摘　要】湿地自然保护区是人类社会文明进一步发展到一定阶段的必然产物，它在维护生态平衡、改善生态环境、保护野生动植物和维护生物多样性等方面发挥了巨大的作用。湿地科普宣传教育活动水平的高低又直接关乎湿地的命运，因此我们必须认识到湿地科普宣传教育活动对湿地保护的意义，采取切实可行的措施提升湿地科普教育活动水平，达到保护湿地新水准。

【关键词】生态平衡　湿地保护　科普教育宣传活动

湿地属于自然生态系统之一，随着自然系统平衡被破坏，湿地保护的重要性也越发明显。在众多保护湿地的方法中，科普教育宣传活动起着十分重要的作用。

一、湿地科普宣传教育活动对湿地保护的意义

(一)保护湿地的意义

1.维持生物多样性

湿地的生物多样性占有非常重要的地位。依赖湿地生存、繁衍的野生动植

物极为丰富,其中有许多是珍稀特有的物种。湿地是生物多样性丰富的重要地区,是濒危鸟类、迁徙候鸟及其他野生动物的栖息繁殖地。40 多种国家一级保护鸟类,约有 1/2 生活在湿地中。中国是湿地生物多样性最丰富的国家之一,亚洲有 57 种处于濒危状态的鸟,在中国湿地已发现 31 种;全世界有鹤类 15种,中国湿地鹤类占 9 种。中国许多湿地是具有国际意义的珍稀水禽、鱼类的栖息地,天然的湿地环境为鸟类、鱼类提供了丰富的食物和良好的生存繁衍空间,对物种保存和保护物种多样性发挥着重要作用。湿地是重要的遗传基因库,对维持野生物种种群的存续,筛选和改良具有商品意义的物种,均具有重要意义。中国利用野生稻杂交培养的水稻新品种,具备高产、优质、抗病等特性,在提高粮食生产方面产生了巨大效益。

2.调蓄洪水,防止自然灾害

湿地在控制洪水,调节水流方面功能十分显著。湿地在蓄水、调节河川径流、补给地下水和维持区域水平衡中发挥着重要作用,是蓄水防洪的天然"海绵"。我国降水的季节分配和年度分配不均匀,通过天然和人工湿地的调节,储存来自降雨、河流过多的水量,从而避免发生洪水灾害,保证工农业生产有稳定的水源供给。长江中下游的洞庭湖、鄱阳湖、太湖等许多湖泊曾经发挥着储水功能,防止了无数次洪涝灾害;许多水库,在防洪、抗旱方面发挥了巨大的作用。沿海许多湿地抵御波浪和海潮的冲击,防止了风浪对海岸的侵蚀。中科院研究资料表明,三江平原沼泽湿地蓄水达 38.4 亿立方米,而挠力河上游大面积河漫滩湿地的调节作用,能将下游的洪峰值削减 50%。此外,湿地的蒸发在附近区域制造降雨,使区域气候条件稳定,具有调节区域气候的作用。

3.降解污染物

工农业生产和人类其他活动,以及径流等自然过程,导致农药、工业污染物、有毒物质不断进入湿地,湿地的生物和化学过程可使有毒物质降解和转化,使当地和下游区域受益。

(二)科普宣传活动是发挥湿地意义的先导和基础

海洋、森林、湿地共同支撑起地球的生命大厦,在生态系统中意义非凡,扮演着重要的角色。以往对湿地的保护主要依赖和倚仗于国家投入和保护,效果不佳。20 世纪末科普宣传教育活动的出现,使得湿地保护上了一个新的台阶,这种能让更多人参与,能形成保护湿地合力的新方法让当前的湿地保护工作取得了新进展,也将湿地保护水平提升到了一个新的高度。

虽然目前我国科普宣传教育活动在保护湿地中发挥了较大的作用,但我们不得不认识到,随着经济的发展和新情况的出现,科普宣传教育活动在湿地保护中显现出了缺点和不足,亟待改进与提高。

二、增强湿地科普宣传教育活动质量,
提高湿地保护水平

(一)努力构建湿地科普宣传教育活动的主要阵地

自 2008 年 12 月 1 起国家林业局颁布实施国家湿地公园建设规范以来,国内试点国家湿地公园得到迅猛发展,截至目前已经达到了 200 多处,在起到保护湿地宣传教育作用的同时大部分成了当地最重要的旅游观光景区,成为地方经济发展的支撑点。张掖城市湿地博物馆是集收藏、研究、展示、宣教、科普于一体的湿地生态博物馆。展馆以"戈壁水乡、生态绿洲、古城文明"为主题,传承地域历史文化,展示湿地保护历程,彰显生态文明成果,描绘城市规划远景,凸显了黑河湿地国家级自然保护区的战略地位、地质地貌、自然资源、环境演变及生态保护成就,是展现张掖湿地生态建设的窗口,也是对大众进行生态科普教育的基地,更是生态文化建设服务人民群众的一个重要阵地,起到了保护与合理利用示范湿地的重要作用。构建合理湿地博物馆运行机制,充分发挥湿地博物馆进行湿地科普教育宣传的职能,应当被提升到一个新的战略高度。

(二)优化外部条件,让科普宣传教育活动在保护湿地过程中发挥更大作用

国家湿地公园的发展走向已经在"国家湿地公园规范"中明确其建设目标、宗旨,完全符合十八大提出的"生态文明建设"发展战略要求。要让博物馆成为公众体验自然、享受自然,并通过参与科普宣传教育活动来真正提高游客,尤其是青少年了解湿地、热爱湿地的意识,使整个社会形成关注自然、热爱湿地的浓

厚氛围,就必须要切实抓住科普教育这一主旋律,直面国家湿地公园存在的设施建设、服务对象、交通工具等一系列问题。要攻克这些难点症结,需要国家政策的引导。要根据国家"生态文明建设"发展战略的指导思想,使总体布局与实践相结合,出台以开展科普宣传教育活动为轴心,为公众提供体验自然、享受自然的场所的相关细化政策,不断发挥湿地博物馆科普教育基地的导向、传播、教育作用。在各级政府和社会力量的支持下,开设便于湿地博物馆开展科普教育的绿色通道,能够为游客提供低消费、方便通畅的条件和环境,使更多的群体都有能力涉足湿地博物馆,通过亲身体验自然,参与科普活动,达到教育的目的。湿地博物馆要从理念上、服务能力上发挥自身作为科普教育平台的功能和作用。在建立起总体服务规划的基础上,建立与之相适应的服务网络体系,尤其是面向青少年的服务网络体系,至关重要。青少年通过体验自然,参与科普活动,更多地掌握湿地知识信息,博物馆要通过信息反馈,了解他们对湿地知识掌握的情况,对保护湿地重要性的认识程度。博物馆科普教育所发挥的社会效益,从总体上看,受交通环境、综合服务设施等诸多因素的困扰,一定程度上影响了湿地知识传播的范围、教育的覆盖面,科普教育基地应发挥的作用及效果并不十分明显。建立具有高效综合服务能力的科普教育基地,是一项系统工程,直接关系到我国建设"生态文明强国"的关键所在。对此,我们要透过现象看本质,面对存在的问题,找出病源根结,寻求最佳的改进措施,促进湿地博物馆在健康发展的道路上最大化地发挥出科普教育基地传播、启迪、教育的重要作用,使更多的公众通过观光湿地博物馆这个平台,在旅游、体验自然的同时,汲取知识,不断提升对湿地的了解,认识到保护湿地的意义及必要性。因此,我们要优化外部条件,使湿地宣传教育活动真正走向大众,全民参与,全民保护。

(三)创新湿地科普宣传活动内容

我国湿地博物馆现行的宣传教育实践活动,对湿地的保护作用还不是特别明显,传统意义上的湿地宣传教育活动也显现出被动性和消极性,很多单位及个人也仅仅是通过被动的组织参与湿地宣传教育活动。这也充分地说明目前我们的湿地科普宣传教育活动存在明显的吸引力不足的现象。

如何解决这一问题?这就要求湿地博物馆在进行湿地科普宣传活动的过程中"标新立异",修正以往的工作方法,创新科普教育活动的方式方法,增强湿地科普教育活动的吸引力,变公众被动消极参加到主动参加。在创新科普宣传教育活动的同时,也要注意总结以往经验。为此,西溪湿地的科普工作人员前往学校开展科普知识讲座,内容涉及湿地生态知识、鸟类知识等,从传播科学知识的角度出发,寓教于乐,通过讲课、互动参与等方式,让学生,尤其是中小学生,在轻松活泼的氛围中增强对科学、环保的意识和兴趣。长兴仙山湖湿地保护区就是隐逸之地,被文人名士视为人间净土、世外桃源,历代词人墨客在此寓居卜筑、诗画歌咏、修行祭祀,留下了大批诗文辞章,极富江南水乡田园气息。深厚的文化底蕴为开展湿地人文知识教育打下了坚实的基础,为此,长兴仙山湖湿地保护区将生态文明和文化文明充分结合在一起,两者相辅相成,共同促进,在推进人文的同时也达到了宣传、保护湿地的目的。

　　"不望祁连山顶雪,错将张掖认江南。"张掖被誉为西北小江南的根本原因就是这里有充足的水资源,而湿地则是存贮水的重要地方。历史古城张掖有过辉煌,也有过黑水古国的没落和衰败。今天湿地的欣欣向荣来之不易,历史是沉痛悲悯的,风沙中的黑水古国时刻警醒着我们应当保护环境,保护湿地,防止风沙屠城。不断提升湿地科普宣传教育活动的水平,保护湿地,是防止历史重演的主要途径。保护湿地,功在当代,利在千秋。

参考文献

[1] 戴兴安,胡日利.长沙市湿地资源保护及湿地旅游开发社区意愿调查与分析 [J].中国农学通报,2011,27(32):205-210.

[2] 张凡,李淑玲,胡祥娟.固原市湿地现状与保护对策[J].现代农业科技,2011 (22):307-308.

[3] 范旭,葛琳,高侃.谈城市湿地公园建设的意义[J].林业勘查设计,2012(4): 44-46.

[4] 叶茜倩.西溪湿地公园服务质量与游客游后行为意向研究[D].杭州:浙江大学,2007.

谈博物馆的"分众教育"

——以中国湿地博物馆为例

王莹莹

（中国湿地博物馆）

【摘　要】在当今新形势下,博物馆教育已日益成为博物馆最重要的社会职能之一。中国湿地博物馆借鉴"分众教育"的理念,依托临时展览及主题活动开展分众化社会教育与服务:针对少年儿童的心理特征,为他们营造身临其境的参观环境,提供有趣的科普及传统文化体验活动;为成年观众构筑湿地知识传播与服务平台,推出亲子教育活动等。同时走进社区和校园,在"分众教育"的道路上迈出坚实的步伐。

【关键词】博物馆　分众教育　中国湿地博物馆

"教育"是时下博物馆的首要任务。国际上先进的博物馆教育理念认为,展览固然是博物馆教育的主要载体,但不是唯一手段;事实上,常设展览即便再优秀,观众也会有看厌的一天。因此,时下许多博物馆都在不断发展创新型教育手段,加强教育的力度和扩大教育的广度。综观欧美等博物馆事业发达的国家,其教育活动的组织管理模式值得探究。它们虽因国情、馆情有所差异,但具备一个共同点:根据服务对象和工作性质,实行差异化教育项目管理。

以中国湿地博物馆为例,为了满足不同观众的多元化需求,同时提高博物馆教育的成效,一方面针对不同群体、不同观众有区别地开展教育活动;另一方面通过立足某个展览、活动主题,开发一系列延伸和拓展型教育活动,并综合新媒体技术手段,覆盖至各个年龄层的社会公众。

一、"分众教育"的可行性与必要性

21世纪以来的博物馆教育活动注重独立探索与观察,是生活化的教育,是启发、诱导式的教育,是全民、终身的教育。有一位美国学者对美国博物馆的服务功能这样描述:"博物馆不在于拥有什么,而在于它以其有用的资源做了什么。"博物馆的基本陈列无疑是博物馆开展教育的核心平台和途径。如何立足于博物馆的基本陈列,打造健康有益的文化,利用多样化的教育与服务模式,实现为社会大众教育服务之目的,正是我们采用"分众教育"首先需要考虑的问题。

博物馆的传统教育实施的一般是大众教育模式。在多数公众眼中,所谓的博物馆教育就是:人人皆可来博物馆,参观后理所当然有所收获。但从"分众教育"的角度来看,所谓的大众教育并不存在,博物馆面对的公众实际上是由不同的分众组成的,所谓的大众是若干个分众聚合而成。现实情况也确实如此。展览作为一种知识的传递方式,虽然直观形象,但毕竟是静态的、单向的,无法与所有的观众群体产生有效的交流和共鸣。而分众化的博物馆教育活动与服务,会为不同层次、不同目标的观众提供充分的选择,实际上扩展了参与博物馆教育活动与服务的观众群体与数量,公众从中受益会更多。

二、"分众教育"的实施过程

目前,国内许多具备前瞻眼光的博物馆,都开始积极探索观众的"分众教育"。"分众教育"的优势在于受众目标群明确,可以充分满足受众的需要,实现传播效果最大化。中国湿地博物馆借鉴"分众教育"的理念,依托临时展览及主题活动开展分众化社会教育与服务:针对少年儿童的心理特征,为他们营造身临其境的参观环境,提供有趣的科普及传统文化体验活动;为成年观众构筑湿地知识传播与服务平台,推出亲子教育活动等。同时走进社区和校园,在"分众教育"的道路上迈出坚实的步伐。

（一）少年儿童的教育服务

儿童是博物馆教育服务的重要对象，良好的博物馆学习体验将使他们终身受益。通过实际操作、亲身体验等方式，博物馆教育可以促进儿童多方面的协调发展，能够为儿童的后继学习和未来发展提供良好的基础。中国湿地博物馆开馆以来的观众调查统计显示，80％的观众来自青少年与儿童，其中 16 岁以下的占大多数。根据儿童发展心理，我们将这一类观众划分为幼儿园、小学低年级、小学高年级和初中四个学段。

幼儿园和小学低年级的儿童观众主要是通过探索和"做事"来学习自我及周边世界，尤其需要避免教室的"排排坐"环境。因此，我们摒弃了简单枯燥的说教方式，为他们提供有趣的体验活动，引导他们主动去发现、去思考，重新建构自己对湿地的独特理解和深刻认识。最典型的例子就是中国湿地博物馆于2015 年底推出的"最萌讲解员"体验活动。近年来，科普场馆成了少年儿童周末休闲的好去处，但为成人准备的展厅解说过于专业，常常会影响孩子的参观学习兴趣。于是，馆方决定让孩子们用自己的方式传播他们感兴趣的内容。参与者首先在博物馆专业讲解员的帮助下了解湿地知识，熟悉讲解稿。经过表达能力选拔，表现较为突出者可获得前往浙江电视台少儿频道录音棚录音的资格。最终在专业录音师的指导下，由孩子们独立完成中国湿地博物馆"童声语音导览"的录制。如今，"童声语音导览"已正式上线，只需在展厅相应位置通过微信扫描二维码，便可听到充满童趣的萌娃讲解。这种体验活动以激发少年儿童的好奇心为切入点，鼓励他们尝试探索新的领域，使他们在博物馆的所有体验符合其生理和心理特点，这就必然使他们在潜移默化中加深对湿地的认知和热爱。

小学高年级和初中学段观众的心理特征，主要表现为逻辑抽象思维能力逐步占据主导地位，学习方式已经逐步接近成年观众，有自己的喜好和选择。我们在实施"分众教育"工作中，尝试利用专设空间及成年人的引导来帮助他们通过创造性劳动获得更深层次的体验，从而满足其兴趣发展的渴望。比如，我们将湿地传统民俗与二十四节气特征相结合，面向小学高年级学段观众打造了贯穿全年的 DIY 主题教育活动，如惊蛰的"香囊制作"、清明的"茶俗体验"、小暑的"贴头伏贴"、寒露的"湿地干塘"及大寒的"土制年糕"等。孩子们在这些活动中通过与他人协作、共同学习来探索事物，建立自信心与责任感。针对初中学段观众，开展以体验、探究、趣味性为主的原创性西溪湿地环境教育活动，在传播湿地知识的同时，注重激发学生对湿地及大自然的好奇心。活动包括水、湿地土壤、湿地植物、湿地食物链等七大主题。每个主题又细分为多个子活动，并配有活动方案，如湿地食物链主题下，有湿地生态瓶DIY（动手制作）、奔跑吧、虾兵蟹将（运动游戏）以及老鹰和喜鹊（知识测验）等类型丰富的子活动。每个子活动可单独开展，也可根据课程设计自由组合。

在开展"分众教育"系列活动时，我们还注重将主题教育活动和家庭教育相结合，策划了一系列亲子教育活动，利用周末、节假日等时间，邀请家长和孩子一起参与互动体验、开展团队竞赛等。这不仅推广了博物馆的文化教育，还增进了彼此间的交流和信任。事实上，亲子教育活动推出后，越来越多的家庭走进湿地博物馆，这既是青少年与儿童"分众教育"的有机组成，亦是一次家长、孩子和博物馆人学习互动、交流提高的机会。

（二）成年观众的教育服务

终身学习对于成年人而言，是内在驱动和自我选择的。成年观众对学习的内容和方式有着更高的要求，选择也更加多样化。因此，成年观众可能会选择在走访博物馆展厅之余，也走访博物馆资源中心（如图书馆），或关注博物馆信息发布渠道（如官方网站、微博、微信等），将后者作为学习资源的补充。

1.利用新媒体技术传播手段，构筑文化传播平台

作为新媒体时代博物馆展示文物、宣传展览、传播资讯的新渠道，微信的运用最大限度地延伸了博物馆信息的传播链条。利用这一新媒体技术传播手段，逐步形成了以博物馆为主导的信息传播与展示方法，有效构筑了博物馆内"分众教育"的文化传播与服务平台。以"天堂渔事水乡风情——西溪渔文化展"为例，我们结合该展览的展陈主旨，综合新媒体技术传播手段，将针对成年观众的教育目标定为传播地域文明，让观众对西溪湿地有更深入的了解，进而产生心理的共鸣。展览期间，中国湿地博物馆微信公众平台连续推送多篇消息，带领观众以记者的视角走进展厅，讲述文物抵达、开箱点验、陈列布展等工作细节的点滴，并对展览背后的故事进行跟踪解读，获得了较高的关注度。其中，《一起感受西溪渔文化吧！》一文全面解读了西溪湿地悠久的渔业历史；《嘿！西溪湿

地的鱼已经被我承包啦!》一文充分展示了西溪湿地丰富的鱼类资源;《今天的塘主就是你!》一文深入介绍了西溪湿地独特的养鱼方式;《看看那些有趣的渔俗》一文则生动讲述了渔民在长期生产生活中形成的民间习俗。即使展览已经结束,成年观众依旧可以通过微信查询、回顾相关信息,以最快捷的方式补充学习资源。

2.针对目标群体推出定制化活动,构筑终身学习平台

中国湿地博物馆于2016年1月推出的"同书西溪赋,共抒西溪情"全国书法邀请展就是面向全国书法爱好者征集作品并举办的展览。参展作品全部为同一主题,由每位书法家按照自己所理解的《西溪赋》文字之美和西溪景色之美个性化定制而成。展览共收到来自北京、上海、河北、海南、台湾等全国20个省(区、市)的98位书法家提交的100件(组)作品。其中既有大量精致的小手卷、小册页、小条幅、小扇面等,又有许多极具视觉冲击力的大体量作品,如屡获台湾地区书法大赛首奖的吴威仪提交的17条屏巨幅作品,曾入展全国首届篆刻艺术展的楼胜鲜创作的近10米超长石鼓文长卷,等等。为配合展览主题,展厅也采用了情景化的场景设置,以喜庆窗花、仿古书房、古筝石桌、芦苇水鸟等等,衬托这些格式变化多姿、大小反差极大的作品。此外,中国湿地博物馆微信公众平台也同期推出网上展览栏目,借助历时半年的网上展示,开辟了展览的另一种互动方式。展览期间,博物馆微信平台还相继推出互动活动,邀请书法爱好者自由发挥,一起书写《西溪赋》,并拍照上传,与书法名家同台展示。

三、"分众教育"的外延拓展

随着博物馆为社会和社会发展服务的理念深入人心,我们一方面走进社区和校园,举行绿色科普宣讲,开展互动活动;另一方面通过编印图书手册、开设专门课程和开展实践活动,进一步拓展博物馆的教育服务。

(一)编印图书手册

我们结合不同受众的知识基础和阅读兴趣,精心创作了图文并茂、通俗易懂的配套普及读物。学龄前儿童(6岁以下)尚不具备湿地知识基础,认知主要

依赖形象思维,普及读物以手绘儿童画、图片为主,需要在成人的引导和帮助下开展探索活动。因此,我们编制了《西溪湿地环境教育系列手册——唤起你对湿地的兴趣》,以丰富的图片和简洁的文字介绍了湿地环境教育系列小游戏,是湿地团体游和亲子游最佳指导手册。中小学生已经具备一定的历史文化基础,即将着手编制的漫画普及读物《西溪红楼青少年读本》,用讲故事的方式讲述西溪湿地与古典名著《红楼梦》千丝万缕的联系,并辅以生动有趣的漫画。针对普通的成年观众,我们出版了普及读物《国家湿地》与"西溪丛书",前者侧重湿地科普,知识性与可读性并存;后者侧重文物知识和地域文化,辅以文物照片、历史场景图等。以上这些普及读物融知识性和趣味性为一体,可以说它们既是"分众教育"的拓展,也是后续扩展延伸的基础之一。

(二)开展实践活动

相比较而言,传统的、静态的博物馆教育活动正在失去其影响力,实践类体验活动逐渐成为中小学生的主要教育需求。2011年7月,湿地博物馆的科普活动第一次跨出了浙江的大门。跟随一起的,还有来自杭州各中小学的20多名学生。在这个以"拥抱红树林"为主题的湿地科普夏令营中,营员主要由一至三年级的小学生组成。孩子们在香港湿地公园内进行红树林考察,寻找湿地生态系统中的生物,参加户外生态环境维护,并进行为期一天的义工服务体验。在第一期活动成功举办的基础上,"绿色燎原计划"开始启动,湿地科普宣教的国际化网络逐渐形成。在随后的几年里,我们接连组织了"走进台湾日月潭""体验新加坡双溪布洛""走进韩国顺天湾""走进法国卡玛格"等一系列湿地科普夏令营活动。孩子们与不同语言、国籍的同龄人进行湿地知识PK,在参观、学习对方先进的环保理念,实地体验当地湿地保护成果的同时,推介中国湿地博物馆、西溪湿地以及中国的湿地保护成果,将绿色教育带出国门,燃遍全球。

(三)开设专门课程

从2014年起,我们依照不同学段的学校教育课程和教材,开发了包含传统文化教育、非遗体验、湿地科普等在内的多达20类的课程。这些课程既可以通过"三进"系列活动送到中小学校、社区及大学社团,也能够制成教学光盘送达远离博物馆的基层学校和兄弟单位，从而拓展博物馆教育，扩大博物馆"分众教育"的辐射力。

四、结语

博物馆发挥社会教育功能的有利条件，通常在于受众的广泛性、内容的多样性和知识传播的多元性等方面。通过对其观众的全面了解和分析，从多种层面对对象做出细致划分，同时对馆方所拥有的资源进行合理调配与建设，以配合各种学习项目，这样可以极大地加强博物馆社会教育的力度和扩大其广度。所以，利用"分众教育"来实现多种教育资源的有效集成，从而制定合理的教育策略，提供适宜的服务项目，应是我们博物馆教育活动和公众服务工作重心向优质和高效方向转换的目标。总而言之，上述这些均意味着中国湿地博物馆在新时期正在积极运用"分众教育"的理念与理论，探索更多、更新、更好的服务公众的途径与方法。

博物馆功能探索研究

——以张掖城市湿地博物馆为例

姚艳霞

（张掖城市湿地博物馆）

【摘　要】博物馆是收藏和展示人类文明的场馆，常常被誉为一个城市的窗口，一个国家的名片，一个民族的圣殿。而湿地博物馆担负着传承湿地保护文化、展示湿地保护历程、彰显生态文明成果的重要职能，是传播湿地科普知识，引领湿地文化发展，将湿地保护成果推向世界的窗口单位，也兼有推动经济与社会可持续发展的重要使命。本文以张掖城市湿地博物馆为例，通过对博物馆现有展览、宣传、教育等基本功能的分析，提出了博物馆功能拓展的作用意义，进而通过外部资源的引入与互动，进一步扩及湿地博物馆文化产业、旅游休闲、创业创新等社会功能，推动湿地博物馆事业永葆活力、长足发展。

【关键词】湿地博物馆　功能研究

一、张掖城市湿地博物馆功能现状分析

张掖城市湿地博物馆位于张掖市国家湿地公园南大门，主体展馆建筑面积5700平方米，布展面积5500平方米，于2013年8月8日正式对外开放。该馆是集湿地文化、历史文化、生态文明及城市未来于一体的综合类博物馆，性质集收藏、研究、展示、宣教、科普于一体，以"戈壁水乡、生态绿洲、古城文明"为主题，传承地域历史文化，展示湿地保护历程，彰显生态文明成果，描绘城市规划远景，是展现张掖湿地生态建设的窗口，也是对大众进行生态科普教育的基地。

2015 年 12 月,国际湿地公约履约办公室官方网站正式公布张掖黑河湿地加入国际重要湿地名录,成为我国第 47 块国际重要湿地。近年来,张掖城市湿地博物馆通过普及湿地科学知识、展示湿地生态建设成就,充分发挥展览、宣传、教育功能,向观众展示湿地之美,普及湿地知识,倡导尊重自然、人与自然和谐发展的理念。

(一)展览功能

整个展区以"戈壁水乡、生态绿洲、古城文明"为展示主题,以"塞上江南·印象张掖""地貌大观·多彩张掖""丝路重镇·人文张掖""湿地之城·生态张掖""城市未来·大美张掖""湿地·生命的摇篮"为展示脉络,坚持传统与现代相结合,立足综合、开放、公众参与的特点,采用声、光、电控制技术和大量的标本、图片、文字等资料,建成了六大展区及 4D 影院、游客休闲区等基础设施,浓缩了张掖生态建设的昨天、今天与明天。

张掖城市湿地博物馆的设计有如下特征:

(1)内容的科学性和典型性。在对湿地知识进行论述和模拟时要求将科学性放在第一位,避免随意增减内容造成专业知识的错误表达,选择案例进行模拟阐述时也要充分考虑其典型性。

(2)展现方式的多样性。充分利用声音、图形、图像、视频、动画和文字特殊效果等多种方式来增加陈列布展的内容和强化效果。

(3)技术手段的先进性。多媒体、智能化的展示技术要求具有先进性,紧跟媒体技术前沿,达到"全国一流,西北第一"水平。

(二)宣传功能

张掖城市湿地博物馆着眼于加大城市湿地建设宣传力度,通过组织开展形式多样、内容丰富的宣传活动,全力打造"全国一流,西北第一"的品牌效应,扩大博物馆的知名度和影响力,已获"国际重要湿地""全国科普教育基地""2014 年度全国优秀科普教育基地""2015 年度全国科普教育基地科普信息化工作优秀基地""张掖市省级可持续发展实验区""爱国主义教育基地"和甘肃省"历史再现工程博物馆"、甘肃省"中小学环境教育基地"等多项荣誉。自开馆以来,已累计接待来自政府机关、部队、企事业单位、学校、社区等的各类团体近千个,各界群众86.8万人次,取得了良好的宣传效果,得到广大群众的认可和赞誉。

(三)教育功能

张掖城市湿地博物馆充分发挥教育功能,利用"全国科普教育基地"等荣誉资源优势和场馆资源优势,以普及湿地知识,提高湿地保护意识为目的,创新活动载体,开发深受群众欢迎、贴近生活实际的湿地保护教育课程,多举措开展特色鲜明的环保科普活动,成了最受群众欢迎的教育实践基地和第二课堂。以"国际博物馆日""世界环境日""世界湿地日""科技活动周"等主题纪念日为载体,组织群众来馆参观学习,相继开展了"关爱湿地,人人有责""热爱家乡,走进湿地""亲近自然,为书画插上翅膀"等湿地科普教育实践活动,使受众的湿地保护意识不断提高,许多群众积极自愿加入了湿地保护的队伍。

二、拓展湿地博物馆功能的意义

随着现代社会的迅速发展,湿地博物馆所处的社会环境不断变化,社会和公众对湿地博物馆的功能不断提出新的要求。湿地博物馆如何在竞争中生存,怎样融入社会并发挥其应有的作用,这些都涉及湿地博物馆的功能发展和湿地博物馆与社会有效融合并协调发展的问题。湿地博物馆功能的拓展与提升,对带动文化旅游产业及大众创业万众创新具有积极意义。

(一)湿地博物馆是带动文化产业发展的重要手段

湿地博物馆文化产业并不是一个独立的文化产业,在其身后有一条巨大的文化产业链条。张掖城市湿地博物馆可举办区域性、国际性的文化交流活动,通过学习、体验、消费的过程将文化内涵的丰富性传递给游客,促使地方文化以博物馆为媒介向外传播,将地方文化特色与内涵传递出去,提升地方文化知名度。湿地博物馆整合文化资源,进行地方文化的发掘与研究工作,从而推动文化活动、文化教育和文化传承。

(二)湿地博物馆是带动旅游产业发展的客观需要

湿地博物馆旅游的发展,对在社会主义市场经济条件下实现社会效益同经济效益的结合,实现生态保护财富向经济财富的转化显得尤为重要。对张掖经济社会发展而言,就是要充分利用湿地博物馆这一独有旅游资源,大力发展湿地旅游,培育新的经济增长点,探索出一条切实可行的良性循环之路。湿地旅游是促进经济社会发展的经济工程,张掖城市湿地博物馆保留下来的生态保护财富,也是发展湿地旅游产业的重要资源。

(三)湿地博物馆是带动创业创新的有效载体

大众创业万众创新计划是确保我国经济社会稳步发展,大力解放和发展生产力情况下提出的。计划允许和鼓励全社会勇于创造,以此培养公民的独立思考能力和创新意识,尤其是参与市场竞争的实践能力。而湿地博物馆是一种重要的公共社会资源,借助博物馆设计开展创新创业计划具有十分重要的意义。创新创业计划以湿地博物馆为依托,以湿地文化为设计基础,实现了公民将设计演化成商品的过程,进一步实现博物馆资源的共享与发展。

三、湿地博物馆功能拓展的路径选择

(一)狠抓规划建设,构建湿地博物馆文化产业体系

博物馆经营规划是否完善,对于其相关衍生文化产业能否持续性发展至关重要。博物馆管理部门要真正从实际出发,探究制定湿地博物馆文化产业总体规划,将张掖生态建设和城市发展、黑河湿地的地质地貌、自然资源、环境演变纳入产业发展范围,重点依托湿地博物馆举办内涵丰富、品牌突出、特色鲜明、具有一定规模水准的区域性、国际性的文化交流活动,为博物馆自身的文化产业发展厚植根基。同时,开发一些与湿地博物馆的文化产业相关且具有较强文化底蕴的产品,既要满足消费者与市场,更要展现出湿地博物馆本身的文化特性。具有地方特色的文化书籍、纪念产品、影音教育性纪念品,合理的文物复制

品,以及基于博物馆本身的文化性活动、展览等,都是相对较为合理的文化产业发展方式。

(二)加大资金投入,树立湿地博物馆旅游品牌

围绕"塞上江南·印象张掖""地貌大观·多彩张掖""丝路重镇·人文张掖""湿地之城·生态张掖""城市未来·大美张掖""湿地·生命的摇篮"六个品牌,大力策划建设一批湿地博物馆旅游重大项目,力争通过 3—5 年的努力,建成具有张掖特色的湿地旅游精品项目。在注重生态保护的同时,加大财政资金投入,综合改造湿地博物馆现有各类配套基础设施,扩大规模,完善功能,培育新的经济增长点,使其满足日益增长的湿地旅游需求。通过积极争取国家湿地旅游项目和吸引民间资本两种方式,组建湿地博物馆旅游产业集团,推进旅游与自然生态、历史文化、地质奇观等各类旅游产品的融合发展。

(三)加强宣传推介,营造湿地博物馆创业创新环境

充分利用广播、电视、报纸、杂志等传统媒体和网站、论坛、博客、微信等新兴媒体,加大对湿地博物馆带动创业创新理念的宣传。制定湿地博物馆创业创新政策,找准传统文化、生态文化、湿地文化与当代艺术设计恰当的对接点,将社会青年艺术设计专业知识与湿地博物馆纪念商品设计结合,鼓励将湿地博物馆藏品开发制作成博物馆的衍生商品,以此带动创业创新。湿地博物馆创业创新理念,可引导社会价值取向和思想观念发生潜移默化的改变与升华。加强宣传推介,营造湿地博物馆创业创新环境,对于拓展湿地博物馆功能,提升湿地博物馆,推动经济社会发展,必将产生巨大的推动作用。

参考文献

[1] 吕济民.当代中国的博物馆事业[M].北京:当代中国出版社,1998.

[2] 赵学敏.湿地:人与自然和谐共存的家园——中国湿地保护[M].北京:中国林业出版社,2005:11-17.

[3] 黄玉亭.多媒体技术在博物馆展览中的作用[J].现代企业文化,2008(23):78-79.

[4] 张品.博物馆文化产业的理论初探[J].前沿,2012(7):189-191.

[5] 雨果·戴瓦兰.20 世纪 60—70 年代新博物馆运动思想和"生态博物馆"用词和概念的起源[J].张晋平,译.中国博物馆,2005(3):36-38.

自然科学博物馆社会功能初探

——以北京野鸭湖湿地博物馆为例

邓文丽　　刘均平

（北京延庆野鸭湖湿地自然保护区管理处）

【摘　要】湿地博物馆是中国新兴自然科学博物馆的一类，伴随着湿地自然保护区和国家湿地公园的产生而产生。本文以北京野鸭湖湿地博物馆为例，介绍了湿地博物馆的收藏与展示、开展湿地研究、传播湿地文化知识等传统功能；以及其他有偿社会服务功能的拓展，如：夏令营、亲子活动、会务服务、科学实验室有偿使用等。

【关键词】湿地博物馆　社会功能　科普

自然科学博物馆是以自然科学类的标本、文物、实物等为依据，进行收藏、研究和展示教育的一类博物馆。它主要给予受众自然科学方面的知识和信息，并依此给受众以科学思想、科学精神和科学方法等方面的熏陶和享受。据不完全统计，至 2006 年底，我国内地各类自然科学博物馆的数量已达到 2920 家。湿地博物馆是中国新兴自然科学博物馆的一类，基本建成于 2000 年之后。据不完全统计，目前全国已建、在建和尚在筹建的各类性质的湿地类博物馆已近百家。国内较出名的湿地博物馆有：国家林业局唯一批准建设的国家级博物馆——中国湿地博物馆，甘肃张掖城市湿地博物馆，黄河口湿地博物馆，北京野鸭湖湿地博物馆等。湿地与森林、海洋并称全球三大生态系统，被称作"地球之肾"。湿地是众多野生动物，特别是珍稀水禽的停歇、繁殖和越冬地，也是许多珍稀植物的繁衍地，被称作"物种基因库""淡水水源"。中国自 1992 年加入《湿地公约》后,加强了对湿地的保护与恢复,以湿地自然保护区、国家湿地公园为代表的湿地生态恢复工程及湿地博物馆的建设是中国政府保护湿地和合理利用湿地的典型案例。大多数建在湿地自然保护区、国家湿地公园内的湿地博物馆在传播湿地科学知识、湿地文化、开展湿地研究,传播湿地文化知识等方面起着重要的作用。

一、野鸭湖湿地博物馆的社会功能

北京野鸭湖湿地博物馆于 2007 年 6 月建成并对外开放,整体建筑俯瞰似凌空飞鸟,是华北地区首座湿地博物馆。野鸭湖湿地博物馆所体现的社会功能是多方面的,总的来说,主要有以下几个方面。

(一)收藏与展示

与湿地相关的标本、文物、实物收藏与展示,是野鸭湖湿地博物馆社会功能发挥的基石。野鸭湖湿地博物馆总建筑面积 3650 平方米,其中展厅面积达 2050 平方米,由序厅、野鸭湖湿地厅、认识湿地厅、保护湿地厅、环幕影厅、鸟类标本展厅和临时展厅组成,以介绍和宣传湿地知识为主题。有文字介绍近 2 万字,配套图片 200 余张,各类动植物展示标本约 200 件。通过文字图片、动植物标本展示、鸟类迁徙平台、虚拟阅读平台、互动触摸屏、地幕投影、幻影成像、环幕影厅等手段向游人介绍湿地知识,展示优美的湿地风光,使游人在走进湿地、认识湿地的过程中,感受到保护湿地的重要意义,同时也学到了国家湿地保护的法律、法规,湿地保护的措施等。

湿地博物馆环幕影厅于 2008 年 5 月 1 日正式对外开放,播放影片为赵忠祥老师配音的纪录片《美丽的野鸭湖湿地》。该片历时两年拍摄完成,结合影像内容、解说和字幕,生动地介绍了野鸭湖湿地的四季景色和鸟类的栖息繁殖特点。该片在亚洲最大规模的户外电影节——2012 行者影像节上获得最佳短片奖,受到了广大观众的一致好评。

陈列展览的好坏直接关系到湿地博物馆社会功能的发挥。为了更好地满足人们日益增长的精神文明需求,让湿地博物馆成为人们认知湿地最为便捷的途径和首选的理想场所,野鸭湖湿地博物馆不仅要做好馆内的基本陈列工作,还要将临时展览融入其中。多年来我们依托端午节、"全国科普日"等节假日,在临时展厅布置了端午节习俗、科学放生、水生生物与科技等多种展览,开阔了大众的视野。

(二)依托自身资源,积极开展湿地科学研究

科学研究是湿地博物馆的重要功能之一,它不仅是学术支撑,更是教育支撑。丰硕的研究成果不仅能提高湿地场馆的品位,也是湿地场馆开展科普宣教的坚实基础。利用北京高校云集、智力集中的优势,野鸭湖湿地博物馆与首都师范大学、北京林业大学等高校和科研院所签订科技合作协议,共同申请课题开展科学研究,近年来,共完成国家级科研课题 3 个、省部级课题 8 个,出版发表各级各类科研论文近百篇。博物馆与首都师范大学合作调查了野鸭湖的植被情况,该校副教授胡东在野鸭湖发现了华北地区唯一的水生食虫植物狸藻,出版了《野鸭湖湿地植物》。在全国第二次野生动物调查中,新发现了小太平鸟、斑鱼狗等 6 种鸟类,并摸清了灰鹤在野鸭湖越冬栖息、分布的情况。湿地博物馆及时地将新的研究成果向公众发布,为观鸟爱好者等提供了有用的信息。

(三)传播湿地文化知识,提高公民的环境保护意识

传播湿地文化知识,提高公民的环境保护意识,是野鸭湖湿地博物馆最重要的社会功能。自 2008 年博物馆实行免费开放的政策后,参观湿地博物馆的人数倍增。在社会经济高速发展,人们对湿地保护越来越关注,对博物馆欣赏品位越来越高的情况下,如何最大限度地发挥湿地博物馆的科普宣教功能就成了野鸭湖湿地博物馆首先要解决的问题。野鸭湖湿地博物馆主要从以下几个方面着手提升湿地文化知识传播的效果。

1. 加强人才培养,提升讲解导览服务水平

讲解工作是湿地博物馆与观众进行沟通的纽带,是湿地博物馆工作的重要组成部分,更是面对公众的第一道窗口,关系到湿地文化知识的传播。为了更好地提升讲解导览服务水平,野鸭湖湿地博物馆从以下两个方面加强了人才培养工作:一方面,培养了一支多语种解说队伍,讲解队伍中不仅有中文讲解员,

还有日文、英文等讲解员,并定期邀请湿地方面的专家加强对现有讲解员的培训,使其增强服务意识,提升专业水平。另一方面,培养了一支包含从大学生到小学生的多元化的志愿者讲解队伍:与首师大、北师大、北林大等一批高等院校联系,从在校大学生中选拔培养志愿者讲解员;同时结合博物馆与周边太平庄小学、小丰营小学较近的特点,培养了一批"小小讲解员"和"小小鸟导",可带领观众参观博物馆到到公园内识别鸟类。野鸭湖湿地博物馆面对不同的观众因材施教,要求讲解者具有过硬的专业知识和服务意识,同时能够对参观人员的年龄、学历、工作等有初步判断,然后再针对不同类型的人员进行专业而详细或通俗易懂的讲解。从年龄上可以将参观者分为老年人、中年人、青年人、少年人。对待老年人需要有耐心,适合用较温软的语气,清楚地进行讲解。对待中年人与青年人,则可用较快的语速及带有互动性的讲解方式讲解。针对比较专业的大学生、研究生或学术工作者,应该多使用一些专业术语来解释相对深奥或急需解决的问题,也可以用探讨的方式进行交流,适当汲取讲解对象的正确观点和独到见地,这样不仅可以达成良好的互动以便于听众接受,而且可以不断提高讲解者本身的文化素养和相关知识积累,从而提升讲解质量,以便日后更好地为大众服务。如果针对的是走马观花的游客,则适宜采用较为故事化的讲解方式,将博物馆展品背后的故事和展品联系起来,激发游客的好奇心,从而提高他们听讲解的积极性。

2.举办公众讲座

野鸭湖湿地博物馆大部分的讲座是单纯的公益性质讲座,主要针对的目标人群为普通游客、青少年学生,特别是大课堂或是北京市中小学利用校外资源丰富校外实践的学生等。鉴于野鸭湖湿地博物馆和北京野鸭湖国家湿地公园都于每年 3 月 15 日—11 月 15 日开放,游客较多的特点,博物馆根据节假日、主题日的不同设立了不同的讲座主题,做到月月有展览、月月有讲座,如:4 月 1 日—7 日北京市"爱鸟周"期间的鸟类讲座及观鸟活动,5 月 18 日"博物馆日"、5 月 22 日"国际生物多样性日"期间关于生物多样性与人类的讲座,6 月份儿童节、"世界环境日"、端午节、"亲子环境月"期间关于"自然体验、自然探索、城市儿童自然缺失症""北京水资源与浮游藻类"等的精彩讲座,取得了良好的科普效果。

3.组织特色活动,力求提升观众的共鸣度和参与度

每年的爱鸟周、中国水周、"国际博物馆日"、"世界环境日"等,野鸭湖湿地博物馆都会组织各类丰富多彩的互动体验教育活动,如在爱鸟周期间开展丰富的观鸟活动,在中国水周期间开展观察水滴等活动。此外,结合中小学大课堂活动、初中开放性课程、北京市中小学利用校外资源丰富校外实践项目,在野鸭湖湿地博物馆展厅及实验室开辟了第二课堂活动,先后开设了显微镜观测水生生物、动植物标本制作、常见湿地鸟类辨认、湿地生态系统小瓶制作、创意芦苇画制作等绿色体验课程,培养青少年的动手能力,使他们树立绿色环保理念。

特别是野鸭湖湿地博物馆与太平庄小学合作,在博物馆的临时展厅开辟了创意芦苇画制作区域,供太平庄小学充分利用湿地博物馆资源丰富校外实践,开展芦苇画的制作,同时开放工艺品的制作方法供游客们参观学习。芦苇工艺品取自天然材料,环保无污染,工艺类型形式多样,本色天然,色泽淡雅朴素。芦苇工艺品是民间传统工艺与现代装饰艺术相结合的结晶,表现出独特的艺术内涵……博物馆充分依托当地特有的自然资源和人文资源,挖掘文化内涵,彰显个性化特色,具有较高的景观价值和美学价值。

(四)其他新开辟的社会服务功能

野鸭湖湿地博物馆从拓宽博物馆的服务功能着手,挖掘出自身更多的社会功能:

第一,开辟了设备齐全的科学实验室,为北京市各个大学、科研院所及北京十一中等中学在野鸭湖开展湿地研究、生态科课程等提供有力的支持。

第二,开辟了一层小会议室和二楼大报告厅,提供相应的会务服务。

第三,利用湿地博物馆与北京野鸭湖国家湿地公园融为一体的优势,联合北京野鸭湖湿地公园在暑期推出夏令营、亲子活动等,大受欢迎,有效地增强了博物馆的影响力。

二、野鸭湖湿地博物馆的未来发展

(一)经验与不足

第一,不能及时更新相关内容,博物馆陈列展览略显陈旧。

第二,湿地博物馆与湿地公园大多位于远郊区,与其他在城区的博物馆相比,在汇聚人气方面略有不足。

第三,展示的手段单一,不能有效吸引观众的注意力。

(二)未来发展

第一,及时更新相关数据,加强新科技在湿地博物馆中的应用,增强湿地博物馆的互动性、体验性、娱乐性。

第二,结合自身资源推出更有特色的活动。

第三,加强湿地研究,将新成果应用于博物馆展览中。

第四,充分挖掘湿地的文化功能,打造湿地宣传的亮点。

第五,改善服务设施,增强服务意识,提升博物馆认知度,不断革新传统思维,把以教育为核心的文化传承和公共服务作为各种功能发挥的出发点和落脚点,实现博物馆社会功能的最大化。

参考文献

[1] 楼锡祜.中国自然科学博物馆的发展[J].科普研究,2008,3(4):48-52.

[2] 俞静漪.发挥中国湿地博物馆作用 积极开展湿地科普宣教活动[J].浙江林业,2014(S1):36-37.

[3] 戴玲.浅谈博物馆的教育功能和社会服务发展——以南京地区部分博物馆为例[D].南京:南京师范大学,2014.

[4] 高芳.新时期博物馆的社会功能探析[J].科教文汇(上旬刊),2012(9):207-208.

[5] 周真刚.试论生态博物馆的社会功能及其在中国梭嘎的实践[J].贵州民族研究,2002,22(4):42-49.

我国当代民营博物馆管理问题初探

陈 琦

（中国湿地博物馆）

【摘 要】博物馆作为陶冶情操和提供艺术文化追求的重要文化场所,其数量及服务社会的程度,已然成为衡量一个国家文明程度的重要标志之一。相较于发达国家而言,我国的博物馆多为官办公立性质,民营博物馆的起步和发展都相对较晚,在实际运营中还面临着多种问题,这些问题严重阻碍了民营博物馆的进一步发展。本文首先概述了我国民营博物馆的主要特点,接着阐述了当前我国民营博物馆面临的管理难题,最后提出了相应的完善对策,旨在不断提升民营博物馆的管理水平,更好地服务广大民众。

【关键词】民营 博物馆 现状 问题 对策

民营博物馆主要指的是利用或者主要利用非国有文物、标本、资料等相关资产而建立的博物馆。1905 年,张謇独立出资兴建的南通博物苑是我国近代第一所民办博物馆。接着,诸多爱国人士、在华外国人等也开始在华创立民营博物馆,如震旦博物院、北疆博物院等著名的大型综合类博物馆。改革开放之后,现代中国民营博物馆迅速发展起来。1996 年,观复古典艺术博物馆等 4 家私立博物馆正式通过北京市文物局的审批成立,奠定了新中国民营博物馆注册发展的基础。2002 年《文物法》的正式实施更是将民营博物馆推上了新的历史高潮。2005 年,文化部发布的《博物馆管理办法》中首次提出:“国家鼓励个人、法人和其他组织设立博物馆。”自此,民营博物馆在我国迅速兴盛起来。

一、我国民营博物馆的主要特点

(一)具备更广阔的创新空间

由于民营博物馆本身来自民间,因此,其更为贴近老百姓的生活,具备旺盛的生命力。尤其是在陈列内容的设计和艺术设计方面,具备广阔的创新空间。例如,西安大唐西市博物馆,就充分运用了模拟陈列和动态陈列法来进行藏品的陈列,通过现场演示关中古老民俗技艺,将这些非物质遗产中所包含的文化历史信息生动立体地展示出来,给人们带来极大的内心震撼。

(二)陈列展示的藏品主题性和精品性较强

民营博物馆陈列的内容通常具备较强的主题性和精品性,能更为深入和全面地展示主体物品的发展,是对国有博物馆的有效补充。例如,作为国内唯一一家以“牛文化”为主题的民营博物馆,西安经文牛文化陶瓷博物馆通过展示不同时代、不同材质的展品及陶瓷标本,使人们对“牛文化”的起源及发展有了一个更为清晰的认知。

(三)有助于保护文化遗产,起到正面的教育宣传作用

伴随着经济的日渐发展,我国的文化生态及文化空间出现了巨大的变化,严重威胁到文化遗产的生存环境。加之人们遗产知识的缺乏,保护意识的淡薄,以及文物的非法交易、盗墓等行为,使得一些依靠口授和行为传承的非物质文化遗产日渐边缘化,大量的文物流失。民营博物馆通过收集藏品,并将其用于展示,一方面能够在一定程度上挽救文物的外流,另一方面能够激发起广大民众对文化遗产的重视,起到一定的积极引导和教育作用。

二、我国当代民营博物馆面临的主要问题

(一)相关政策法规不够健全

我国的民营博物馆由于发展较晚,加之相关政策法规不健全,目前整体呈现出"小、散、乱"的局面。由于民营博物馆的相关政策条文不够明晰,部分不法商人借机牟取个人利益,违背了政策的初衷。例如,某些人利用政府部门的相关优惠政策,用较低的价格拿下土地用于建立博物馆,但在几年后转换土地用途来牟取经济利益。再比如,部分投资者利用藏品向银行贷款或打通关系等,获取其他方面的资源优势,完全违背了建立博物馆的初衷。

(二)自身困难重重

1.运营经费不足

资金问题是困扰我国民营博物馆生存的首要难题。例如,建于 2007 年 5 月的南京老城南印象陈列馆,由于资金缺乏,在 2011 年 1 月 4 日被迫关门。

2.藏品单一,品质参差不齐

目前民营博物馆的数量虽逐渐增加,但是"山寨"现象也时有发生。河北冀宝斋就是典型的例子。同时民营博物馆的藏品也较为单一,例如北京观复博物馆内收藏了众多陶瓷工艺品,但是油画馆内的藏品却十分单一,难以体现出馆藏特色。

3.设施薄弱

由于民营博物馆大部分缺乏资金,因此馆内设施的数量、配置和更新等方面都做得不到位,和国有博物馆相比更是逊色不少。同时,相关的服务设施也不到位,诸如参观者休息区、免费饮水场地等都没有设置,还有部分甚至没有留足停车空间,这都使得民营博物馆的服务水平较低,难以吸引民众参观。

4.人才紧缺

民营博物馆通常缺乏专业人员,不仅难以招聘到优秀的人才,还面临着留人难的窘境。因此,民营博物馆招聘只能降低门槛,导致专业人才不足,不利于

民营博物馆的进一步发展。

三、我国民营博物馆管理水平的提升对策

（一）政府宏观管理

第一，政府应该积极引导民众关注民营博物馆，将民营博物馆同样纳入国民教育体系，从而全面提升民营博物馆的知名度和社会认知度。

第二，民营博物馆能够显著体现当地的历史特色文化，因此，政府应该积极引导民营博物馆和当地的旅行社合作，打造民营博物馆精品旅游线路，这样不仅能够有效增加民营博物馆的收入，还能起到良好的宣传和推广作用。

第三，健全相关法规政策，落实各项扶持优惠政策，例如资金的补贴发放等。同时严格规范博物馆的准入制度，做好馆内藏品真伪的鉴定工作，严厉惩治山寨民营博物馆，绝不姑息，从而给民营博物馆创造一个良好的政策环境，确保其可持续发展。

（二）自身可持续管理

1. 战略定位与品牌推广

民营博物馆应依据馆内藏品的特点，进行合理的战略定位。例如，今日美术馆，其战略定位为中国当代艺术。因此，无论收藏、展示、研究或交流都围绕着当代艺术，日渐成为中国美术馆中独具特色的民营博物馆。同时，随着网络等的迅速普及，民营博物馆应充分借助新兴媒体，扩大宣传推广力度，提升民众对博物馆的兴趣和好感。

2. 资金的筹措

民营博物馆单纯依靠政府的资金补贴显然是难以维持生计的，因此还需要不断拓宽资金来源渠道。例如，今日美术馆通过设置咖啡馆，供参观者休憩议事，同时建有书店，出售相关画册和书籍等。除了门票收入，这些项目都是博物馆的资金来源。而且这些项目的扩展，也在另一层面上提升了民营博物馆的设施服务和专业服务。

3.人才管理

民营博物馆应不断拓宽招聘渠道,例如可以到高校去"圈人",提供大学生实习的岗位,还可以到社会上去招收义工。目前很多人员退休或者赋闲在家,通过招收义工的方式使其加入博物馆,借助其丰富的人脉及工作经验,能够更好地丰富博物馆的人才队伍。这样就能在降低人工成本的同时提升博物馆人才队伍的综合素养,并将节省下来的钱用在其他合理的地方,诸如改善和更新博物馆内的相关设施,提升工作人员的待遇等。同时还应该做好馆内人才的相应培训工作,从专业技能、责任心、职业道德等多方面入手,确保能够给参观人员提供更加高效的服务。

综上所述,伴随着我国各种利好政策的推出,以及民间资本力量的逐步强大,民营博物馆必将迎来新的历史发展高潮。目前,我国民营博物馆在日常运行过程中,还受到很多因素的影响。这就要求政府不断健全相关法律法规,积极引导,博物馆自身则要做好宣传推广,丰富藏品,多渠道筹措资金,完善人才管理方法,从而更好地促进民营博物馆健康有序的发展。

参考文献

[1] 孔力.民营博物馆的生存现状[J].检察风云,2012(13):66-67.

[2] 刘溪尧.对文物博物馆管理体制创新的思考[J].黑龙江科学,2016(4):126-127.

[3] 高学森.中国民营美术馆的探索性发展——以泰达当代艺术博物馆、今日美术馆、尤伦斯当代艺术中心为例[C].中央美术学院2013年青年艺术批评奖获奖论文集.[出版者不详],2014:19.

[4] 黄磊,黄金娟.湖南省民办博物馆现状调查与发展对策研究[C].湖南省博物馆学会.博物馆学文集:8.长沙:湖南省博物馆学会2012年会暨博物馆藏品征集与保护管理专题学术讨论会,2012:38.

大连自然博物馆志愿者工作刍议

——工作开展过程中遇到的问题和解决对策①

王　丹　王　萌　李弘明　程晓冬

（大连自然博物馆）

【摘　要】博物馆志愿者服务是一项意义深远、前途广阔的工作。如何在更深和更广的层面上开展卓有成效的志愿者工作，需要不断在实践中寻找和积累经验。本文主要从志愿者的起源、大连自然博物馆志愿者工作的发展概况、大连自然博物馆志愿者工作开展过程中遇到的问题及解决对策 3 个方面进行论述，为更好地发展博物馆志愿服务事业提供理论和实践依据。

【关键词】大连自然博物馆　志愿者工作　刍议

一、志愿者的起源

志愿者服务作为一种自愿的、不计报酬和收入而参与社会生活，推动人类发展和促进社会进步的行为，正在成为人类社会活动的重要组成部分。志愿者服务起源于 19 世纪初西方国家宗教性的慈善服务。我国志愿者服务出现在改革开放后，最早的志愿者是从社区发展起来的；20 世纪 90 年代初，在共青团系统中形成了一支志愿者队伍，并产生了全国性的志愿者组织。博物馆志愿者诞生于 20 世纪初——1907 年，首先出现在美国波士顿艺术博物馆，在国际博物馆界也称为"博物馆之友"，其实质就是希望以志愿者为载体，在大众与博物馆之

① 基金项目：中央补助地方科技基础条件专项资金资助成果之一。

间建立起沟通的桥梁,提升博物馆的服务品质,扩大服务层面,使有限的资源与无尽的服务需求有效配合,增加文化人口,匡正社会风气,发挥关怀社会及服务民众的美德。[1]

二、大连自然博物馆志愿者工作的发展概况

我国的博物馆志愿者事业起步较晚。1996 年,上海博物馆率先招募了数十名大学生进行引导和讲解工作。2008 年以后,我国的博物馆相继对公众免费开放,越来越多的博物馆为解决游客激增、场馆服务人员不足的问题,开始了博物馆志愿者制度的实践和探索。大连自然博物馆作为全国优秀科普教育基地,自2008 年开始培训志愿者,目前注册登记的志愿者有 2050 余人,累计服务时间超过 16000 小时,服务观众超过 203775 人次。大连自然博物馆志愿者工作截至目前共分为三个阶段,详情见表 1。

表 1 大连自然博物馆志愿者工作发展历程

阶　段	时　间	特　点
第一阶段	2008—2010 年	有意进行志愿服务的个人或者团体直接联系博物馆
第二阶段	2011—2013 年	自主招募。招募 6—15 岁在校中小学生,要求热爱博物馆,在生物知识(动植物、古生物和人类)方面有一定基础,具有较好的语言表达能力
第三阶段	2014 年至今	自主招募。招募 18—65 岁志愿者。招募年龄、专业、综合素质、服务时间、纪律等条件更高,岗位更明确和多样

大连自然博物馆志愿者工作开展初期(2008—2010 年),志愿者类型主要包括大学生和高中生两大类。高中生主要在寒暑假到博物馆从事讲解服务,馆内工作人员会开展志愿者的培训工作,每年有 100 人左右。大学生志愿者主要以学校团体的形式开展个别场次问卷调查、科普活动等,博物馆主要提供场地、配合宣传等工作。至 2011—2013 年,由于志愿者工作收到良好效果,更多中学生和大学生参与其中。大学生志愿者团体"蔚然大连"加入其中,开展了"大连市民斑海豹保护行动""Blue Ocean We Care 蔚蓝海洋情系你我他"等社会效益良好的科普活动,大学生志愿者人数也明显上升。同时,为了给中小学生提供学习机会,也为给大连自然博物馆开展的"小讲解员培训班"等科普活动的参与者

提供锻炼的平台,博物馆开始面向大连市内广大中小学生招募 6—15 岁科普小志愿者。2015 年开始,为了适应博物馆发展的需求,大连自然博物馆加大了对成人志愿者的招募力度,也开启了大连自然博物馆志愿者服务的新篇章,创立了志愿者服务新特色——"家庭组合"式志愿者服务(图 1)。

图 1 大连自然博物馆"家庭组合"式志愿者

表 2 大连自然博物馆在岗志愿者基本资料分析

		人　数(人)	百分比(％)
年龄	12 岁以下	30	15.62％
	12—18 岁	18	9.38％
	19—30 岁	76	39.58％
	31—50 岁	54	28.13％
	50 岁以上	14	7.29％
受教育程度	初中以下	30	15.62％
	初中和高中	18	9.38％
	大专或本科	122	63.54％
	硕士及以上	22	11.46％
服务年资	不到一年	104	54.17％
	1—2 年	70	36.46％
	2 年以上	18	9.37％
志愿者服务经历	有	106	55.21％
	没有	86	44.79％

表3　大连自然博物馆志愿者构成特征分析

志愿者构成	服务时间	特　点
初中及高中生	寒暑假	基本为博物馆讲解员培训班优秀学员。课业压力较轻,自我提升的愿望较高;但知识结构不够完善,社会经验不够丰富
大学生	工作日、周末、寒暑假	具有一定的知识储备,时间灵活,知识水平、应变能力等更高,参与度高;但流动性大,稳定性差
成人	周末	具有一定专长和经济能力,稳定性好,是博物馆志愿者的核心
家庭组合	周末或寒暑假	1名家长+1名孩子,形式灵活

三、大连自然博物馆志愿者工作开展过程中遇到的问题及解决对策

如上分析,大连自然博物馆的志愿者工作截至目前共经历了三个发展阶段,每一个阶段的发展都是为适应博物馆的发展和博物馆的工作需要而做出的尝试和改变,下面着重分享大连自然博物馆志愿者队伍在建设过程中遇到的问题及解决对策,以便业界同行参考。

(一)第一阶段遇到的问题及解决对策

没有招募环节。申请成为志愿者的个人或者团体,基本都是直接联系到博物馆,然后由讲解员进行展厅示范讲解,考核通过即可上岗(图2、图3)。然而,志愿者服务应该是"供与求"的关系,没有招募环节的弊端是忽视了博物馆的需求,仅仅是为人们提供锻炼、学习和成长的平台,这种方式的志愿者服务无疑会增添博物馆的负担,这样开展的志愿者工作是片面的。解决对策:增加了志愿者的招募环节。根据博物馆作为青少年科普教育基地的职能要求,以及博物馆科普工作开展的现状,有的放矢地增加招募环节。

志愿者流动性大。前面提到志愿者都是根据自己的需要申请,这势必造成志愿者工作以"我"为中心,志愿者的服务目的主要是修学分等个人原因,导致

个人目的实现后志愿者流失的现象。另外,大学生团体也涉及毕业等问题,几乎每年一批,志愿者服务没有连续性,增加博物馆负担。解决对策:团体形成负责人,高年级带低年级,循环往复。

图 2　高中生、大学生志愿者

图 3　科普小志愿者

（二）第二阶段遇到的问题及解决对策

招募方式单一。仅通过学生、老师或者学生团体组织的介绍和推荐，或者通过博物馆官网直接发布信息招募。前者的缺点是博物馆对志愿者受招募前的情况了解不够深入和主动；后者简便有余而效果欠佳，缺乏稳定持续的来源。解决对策：结合上述两种招募方式，并充分利用当今社会的信息技术创新志愿者招募机制，以博物馆或者博物馆联盟的名义，依托社会群体常用的SNS（社会性网络服务）平台（比如豆瓣网、果壳网、人人网、新浪博客、微信等），建立由博物馆或者博物馆联盟管理的招募机制，志愿者推荐的标准及服务方式由博物馆来主导，这样做博物馆会有更多的主动性和规范性。另外，直接发布招募信息的途径除官网外，还在宣传展板、参观指南上增添志愿者招募板块。

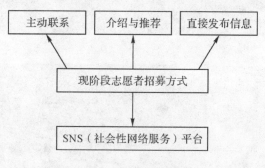

图4 志愿者招募方式

工作模式简单，只有招募、培训、考核、上岗。解决对策：完善工作模式，包括志愿者的招募、面试、培训、考核、上岗、交流、表彰（图5）。

图5 志愿者工作模式

硬件设施不够,导致志愿者缺乏归属感。解决对策:完善硬件设施,包括《志愿者工作暂时管理办法》、报名登记表、工作记录表、志愿者档案等,同时为志愿者制作了精致的马甲,配备了胸签,设立了休息室等。

岗位单一,只有讲解岗和展厅维持秩序岗。这种安排很容易造成志愿者工作热情的降低,因为志愿者服务不以物质报酬为目的,他们更在乎的是精神满足和自身成长。解决对策:拓展服务岗位,增添学术讲座主讲人、标本清点、策展人、翻译、科普活动策划、科普剧场主持人、科普活动助手、比赛评委助理、综合服务等诸多岗位(图 6)。

| 讲解 | 讲座 | 讲解 |

| 科普剧场 | 标本清点 | 手工活动 |

图 6　志愿者工作岗位

培训单一,仅有上岗前的一次性基础培训,了解服务平台的概况、服务范畴、注意事项、讲解知识与技巧、接待礼仪等。解决对策:增加知识拓展性培训,根据服务内容的不同,例如科普活动策划与实施、科普剧场的演出等,进行相关内容的培训,使志愿者对自身工作有一个全面的认识。(图 7)

耗费博物馆自身人力,例如志愿者每次来馆开展服务需要工作人员组织签到、提供讲解设备、给设备充电等。解决对策:成立"志愿者之家"(图 8)。志愿者工作采取"自助"的管理模式,将志愿者相关物品和工作都转移到"志愿者之家"处理,并建立了管理办法及使用流程,有效地节省了人力。

招募成人志愿者过程中遇到困难。成人在业余时间大多有看护、照顾下一

图 7 　志愿者培训

图 8 　志愿者之家

代的任务。解决对策:首创"家庭组合"式志愿者服务模式。家长在服务的过程中可以带上孩子,虽然孩子年龄很小,但是可以通过这种方式体会父母为他人服务的成就感和满足感,使孩子从小树立为他人、为社会服务的意识。同时,服务在讲解岗的家庭通常由家长讲解知识性强的内容,由儿童讲解趣味性高的内容。如此,既吸引了家长的参与,同时也为儿童提供了学习和实践的机会。家长的参与保证了孩子的安全,克服了孩子能力不足等缺点。大连自然博物馆的观众中很大一部分是家长和孩子,这种服务形式受到观众的一致好评,很多儿童也会受到小志愿者的感染,激发出服务热情和表现欲望。另外,"家庭组合"式的志愿者也为开展其他业务提供了潜在资源,能够有意识地参与志愿者服务的家庭以知识分子家庭居多,他们的共性是具有很强的教育背景和专业背景,因此为从事博物馆研究的相关工作打下了基础。

(三)第三阶段遇到的问题及解决对策

大连自然博物馆志愿者工作虽然在吸取同行经验,及时总结工作中遇到的问题并提出解决方案的过程中有了长足发展和进步,但是,还是有很多问题和不足需要解决。

志愿者人数众多,管理任务重。仅依靠博物馆一个部门,或者部门相关工作负责人管理如此众多的志愿者,不仅任务繁重,同时会有管理不善等问题。拟成立志愿者管理委员会,实现志愿者自治。

大连自然博物馆拟设志愿者服务总队(图 9),根据本馆志愿者的实际情况,实现志愿者自治。总队下设三个志愿者支队,包括成人支队、大学生支队、中学生支队。各支队下设各工作小组,成人支队包括周二组、周三组、周四组、周五组、周六组和周日组(成人志愿者包括两部分:单纯的成人志愿者和亲子组合志

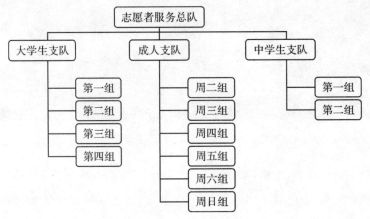

图 9 志愿者服务总队结构图(拟)

愿者);大学生支队包括第一组、第二组、第三组、第四组(根据大学生志愿者团队数量来划分);中学生支队包括第一组和第二组(中学生志愿者不在博物馆的招募范围,主要针对假期个别学校团体的社会实践)。总计 12 个小组,每组设 1 名小组长。

培训机制有待细化。除上述讨论的应该增加知识拓展性培训外,还应建立长期培训机制,包括定期和不定期的,基础知识和延展能力的,等等,例如医务常识培训、消防培训、团队协作培训。同时,在日常的职工讲座、培训、业务比赛中,尽可能组织志愿者参加,共同学习进步。另外,还要定期召开讨论会,专门为新加入的志愿者进行答疑解惑。

志愿者工作积极性有待提高。长期从事一项或者几项工作,对志愿者工作没有规划,长此以往,势必使志愿者工作懈怠,失去激情和兴趣。因此,志愿者工作应该切实整合科普资源,探索科普文化与志愿者文化传播的结合点,按照"深入—循环—提升"的模式全面拓展到所有科普业务中。"深入"是指志愿者的工作范围可以深入博物馆的核心业务;"循环"是指志愿者的工作种类可以做循环安排;"提升"是指志愿者服务的质量可以得到不断提升,为业务拓展提供新鲜血液,同时也满足志愿者对自身成长的需求。

志愿者表彰力度有待增强。志愿者不计劳动报酬,因此没有强制的义务,志愿者个人的主观愿望决定了服务质量和去留,所以我们更应该关注志愿者激励,促进志愿者长期服务中的自我实现,通过表彰,也可以在志愿者心中树立榜样典范。激励方法不当或者手段单一,也会造成志愿者资源的浪费和流失。激励方式应该多样化,可以包括目标激励、典范激励、情感激励、组织文化激励、考核激励、自我激励等多种方式。[2]

四、结 语

综上所述,志愿者是博物馆非常重要的人力资源之一,其管理的优劣将关系到志愿者队伍稳定性的强弱。减少志愿者的流动,将会避免给博物馆带来损失,增强志愿者工作的实效性。博物馆志愿者服务是一项意义深远、前途广阔的工作,如何在更深和更广的层面上开展得卓有成效,还需要不断地解放思想、开拓思路,不断地在实践中寻找和积累更多、更有益的经验。

参考文献

[1] 刘德胜. 义工与博物馆行销[J]. 博物馆学季刊, 1999, 13(3).

[2] 马立伟. 博物馆志愿者激励机制刍议[G]. 上海市志愿者协会, 上海科技馆. 科学传播与志愿文化发展文集. 上海: 上海大学出版社, 2013: 182-187.

博物馆推动社会可持续发展初探

——以北京奥运博物馆为例

王希茜

（北京奥运博物馆）

【摘　要】在新形势下，博物馆逐渐成为维护社会可持续发展的重要文化推动力。博物馆的性质、职能及特色在推动社会可持续发展中得到强化。本文以北京奥运博物馆为例，通过论述北京奥运博物馆的兴建、展览及社教活动的开展，探究体育类博物馆在推动社会可持续发展中的作用。

【关键词】博物馆　奥运　可持续发展

博物馆作为教育与文化机构，在界定和执行可持续发展战略及其实践中扮演着一个日益重要的角色。面对日趋不稳定的生态系统、不够稳定的政治环境可能带来的自然与人的挑战，博物馆必须确保自己有能力继续担当文化遗产守护者。博物馆的相关工作，例如公众教育及展览策划，应当努力朝"创建可持续发展社会"的角度开展探索和实践。作为博物馆工作者，我们必须全力以赴，确保博物馆成为维护社会可持续发展的重要文化推动力。这个主题与阐释，反映了博物馆对自身社会角色的新认识，对博物馆使命、功能与责任的重新审视。

《博物馆条例》第二条规定："本条例所称博物馆，是指以教育、研究和欣赏为目的，收藏、保护并向公众展示人类活动和自然环境的见证物，经登记管理机关依法登记的非营利组织。"[1]博物馆的教育功能被列在了第一位。同时，《博物馆条例》也对博物馆举办陈列展览，实行免费开放，提供社会教育和服务，利用博物馆开展教育教学，支持科学研究等职能做出明确规定，凸显了博物馆在维护国家安全与民族团结、弘扬爱国主义、倡导科学精神、普及科学知识、传播优秀文化、培养良好风尚、促进社会和谐、推动社会文明进步方面的重要作用。《博物馆条例》的这些新内涵，表明我国博物馆已经成为社会可持续发展的重要推动力量。

北京奥运博物馆推动社会可持续发展体现在如下几个方面：

首先，从博物馆的选址而言，北京奥运博物馆坐落于鸟巢这一奥运遗产中，体现了对奥运建筑的有效利用，是实现奥运建筑文化功能的具体表现。它的选址表明了对奥运物质文化遗产及精神文化遗产的尊重，体现了对奥运遗产可持续利用的理念。

其次，从博物馆的性质而言，它是传播奥运文化的永久机构，是世代人民追寻奥运足迹的文化场所。博物馆的性质是可持续发展的前提。

再次，从博物馆的职能而言，定期举办展览、社教活动是其基本职能。北京奥运博物馆紧随社会热点，紧扣当前形势策划举办了系列奥运文化展，组织开展奥运知识进社区、进学校等活动，充分彰显了博物馆可持续推动社会文化发展的作用。

最后，从博物馆的主题而言，奥运文化内涵丰富、包罗万象，具有民族性与国际性，涵盖科技、人文、艺术、城市发展等方方面面，同时夏季奥运会每四年举办一次，冬季奥运会也将在我国举办，青奥会、特奥会也在持续举办。奥运文化是与时俱进的文化，作为奥运专题博物馆，就必须可持续地展示、传播、研究相关内容，从而更好地发挥其自身功能。

一、各国奥运博物馆的兴建与现状

世界上第一家奥林匹克博物馆建成于 1993 年 6 月，位于瑞士洛桑。在此之后，世界各地相继建成或在建多家以奥林匹克运动为主题的博物馆。2007 年 7 月 16 日，国际奥林匹克博物馆联盟(International Groupof Olympic Museums)成立于国际奥委会总部所在地瑞士洛桑，是连接、沟通世界各地体育与奥林匹克博物馆的组织。目前，世界各类体育博物馆超过 500 座，其中，奥林匹克博物馆有百余座。奥林匹克博物馆联盟目前共有包括瑞士洛桑奥林匹克博物馆在内的 27 家博物馆加入。体育与奥林匹克博物馆已成为收藏与展示奥林匹克历史与文化的记忆宝库,对推动体育与奥林匹克文化在世界范围内的传播起到了积极作用。

第一家奥林匹克博物馆隶属于国际奥委会,坐落在瑞士洛桑的奥林匹克公园内,毗邻国际奥委会总部。它是迄今为止世界上收藏最完整、最著名、最有活力的体育博物馆。其主要职责是负责奥林匹克文物资料、档案的收藏、保护和展览,进行奥林匹克研究,宣传奥林匹克宗旨,用奥林匹克精神进行社会教育,并为国际奥林匹克大家庭和公众服务。博物馆建设耗资6500万美元,共分为5层,其中地上建筑2层,其余3层在地下,总建筑面积为11000平方米,展览面积为3400平方米。博物馆地上部分为古代奥林匹克的历史、现代奥林匹克的历史、顾拜旦个人展、奥林匹克邮票和纪念币展及临时展厅五部分;地下部分则是奥林匹克研究中心,这里有大量的图书、音像资料和照片,收藏着记录奥林匹克运动史的7000多个小时的录像带和电影资料、20万张图片和1.5万册图书,是珍贵的历史资料。博物馆观众数目每年多达25万人左右。

为纪念1988年夏季奥运会,汉城(今首尔)于1990年9月在奥林匹克公园内建造完成奥林匹克博物馆。博物馆集教育和娱乐为一体,日均接待游客2000人左右。博物馆内利用高科技手段展示了奥运会从起源到汉城奥运会的历史。博物馆占地总面积为2508平方米,共分4层,其中一层在地下。博物馆一层为临时展厅,二层展示了汉城奥运会从火炬传递到闭幕式的激动人心的时刻、韩国的奥运英雄以及吉祥物。博物馆内还建造了餐厅、纪念品商店,以及拥有100个座位的3D影厅。博物馆免收门票。

巴塞罗那奥林匹克与体育博物馆是欧洲第一个城市奥运博物馆,是西班牙教育与科学部、西班牙奥林匹克委员会和巴塞罗那省共同建造的。博物馆内收藏了近20万张照片,是1992年巴塞罗那奥运会最完整的照片库,包括了城市改造、火炬传递、奥运会及残奥会比赛内容。博物馆内包括300平方米的展览大厅、120个座位的礼堂、50个座位的电影放映厅及餐厅等设施。博物馆在弘扬奥林匹克精神的同时,通过先进的多媒体设施增强了游客的互动性,使得博物馆成为青少年教育和娱乐的重要场所。博物馆每年会安排多场与体育相关的临时展览。

1996年亚特兰大奥运会恰逢奥运百年,亚特兰大历史中心内建造了百年奥林匹克博物馆,利用多媒体演示、图片、文物和互动展览,详细记载了整个城市的变化。博物馆内还展示了奥运火炬和奖牌、室内跑道、雕塑、照片等,并设计了游客的大屏幕互动游戏。

悉尼奥林匹克博物馆建设在澳大利亚国家体育博物馆内,通过录像、图片、实物及场景再现地等众多形式向人们展示了澳大利亚人从古代到现代参与奥运会的历程,并通过多媒体手段展示了 100 名澳大利亚奥运奖牌得主的风采。

我国作为成功举办过奥林匹克运动会的大国,成立奥运博物馆显然是大势所趋。1990 年 9 月,我国正式建成了第一座体育博物馆——中国体育博物馆。2008 年奥运会后,北京开始筹建奥运博物馆,通过对奥运文物的收藏、展示、研究,将奥运文化遗产保留下来,进一步推动了体育文化的发展。北京奥运博物馆占地面积 2.6 万平方米,其中展览面积 2 万平方米,共藏有奥运文物 8 万余件,目前处于试运营状态。

二、北京奥运博物馆的基本陈列

以"中国何时能派一位选手参加奥运会?中国何时能派一支队伍参加奥运会?中国何时能办一届奥运会?"的"奥运三问"为起点,到两次申办奥运,最终取得主办权,中国在实现民族独立、人民解放的伟大进程中实现了体育强国梦。北京奥运会申办、筹办、举办的过程,也是奥运文化不断培育和传播的过程。所以,北京奥运博物馆的展陈透过历史,全景式展现北京奥运这一盛事,能让观众深刻理解奥运文化形成的背景和特色,从而受到体育精神的感召。

"见证百年梦想"是博物馆展陈最重要、最鲜明的主题,并贯穿整个参观路线。通过"奥运追求""申奥征程""中华圆梦"等单元,以 100 年来几代人的奋斗圆满地回答了"奥运三问",表现中国人经过不懈努力,摆脱"东亚病夫"的耻辱,逐步成长为世界瞩目的体育强国,并历经两次申奥征程,最终赢得了 2008 年的奥运会举办权。

在"见证百年梦想"的大主题下,北京奥运博物馆划分了五个子主题,对应五个展区:

(1)百年奥运中华圆梦:从阐述百年前中国人希望举办奥运会的梦想开始,展示中国人通过不懈的努力最终获得 2008 年奥运会举办权的历程。

(2)科学发展统领筹办:展现举国上下同心协力筹办奥运会的过程。

（3）无与伦比世界同欢：不但向观众呈现了北京奥运会精彩的比赛场面，同时也展现了志愿者和其他幕后工作人员为盛会所做的贡献。

（4）两个奥运同样精彩：讲述北京残奥会的故事。

（5）奥运之城世界之城：展示 2008 年奥运会为北京城市留下的丰厚精神文化财富，以及对城市建设与发展产生的深远影响。

这五个子主题，如同奥林匹克的五环，环环相扣，层层递进，特色鲜明，却不雷同。紧紧依托背后的 8 万件藏品，编织精彩的故事，采用贴切的形式，再现北京奥运盛景，让游客重温北京奥运历程。

三、北京奥运博物馆丰富多彩的临时展览与社教活动

北京奥运博物馆在筹建过程中，北京市委、市政府领导多次指示，按高标准要求将奥运博物馆建设成为爱国主义教育基地。奥运五种精神中居于首位的就是"为国争光的爱国精神"，百年梦圆，奥运盛会以其巨大魅力和特有的感召力，激荡着中华儿女的心弦，凝聚起全国人民共襄盛举的强大合力。人人都是东道主，从奥运工程建设者到各行各业劳动者，从领导干部到广大群众，都把为祖国争光、为奥运添彩当作自觉要求，以强烈的使命感和责任感投入筹备、举办工作中，港澳台同胞和海外华人华侨也以不同方式为奥运添砖加瓦。浓浓爱国之情，铸就伟大成果。北京奥运会的圆满成功，赢得了国际舆论的普遍赞誉，大大提高了中国的国际声望，这是对深爱祖国的中华儿女的最好回报。

除了常设展览，北京奥运博物馆立足自身特色，推出以"奥运文化"为主题的系列临展，深入挖掘奥运会追求公平、和平、团结、友谊的价值理念。以"奥运之路和平相伴"临时展览为例，该展览契合纪念中国人民抗日战争暨世界反法西斯战争胜利 70 周年的大背景，将奥运置于不同历史时期和历史环境下，探讨奥林匹克运动与战争，体育与政治之间的关系，通过文字、图片辅以历届奥运会海报、会徽、火炬等实物，展示了奥运追求和平的精神内涵。展览分为五个部分，分别是：①追求和平的古代奥林匹克运动；②战争与奥运；③抗战期间的中国体育运动；④战后奥林匹克运动的发展；⑤未来的奥林匹克运动——以体育促和平。五个部分以时间为顺序，贯穿古代奥林匹克运动和现代奥林匹克运动，沟通中西方和平文化，让观众对奥运和平文化的产生与发展、困境与突破有

全面的认知,引导并教育观众珍爱和平、珍惜当下。

2015 年 8 月—10 月,该展览相继走进安慧里社区、西藏中学等 6 家社区和学校,参观人数共计 9000 余人。11 月北京奥运博物馆开展"传播奥运精神、奉献关爱之情"献爱心公益活动,将这个展览捐赠给了北京振兴打工子弟学校。

在京津冀一体化的发展背景下,北京奥运博物馆策划推出"跃动京津冀体育文化行"临时展览,展览深入挖掘了京津冀三地体育文化资源,展示了京津冀参与大型体育赛事所取得的优异成绩,展示了京津冀三地体育类博物馆的建设与发展。

2015 年,北京联合张家口取得 2022 年冬奥会主办权。北京奥运博物馆依托申冬奥的社会大背景,策划组织了 6 场相关活动,分别是:"重温 08 奥运之旅,集万人申冬奥签名"主题系列活动;申冬奥百日倒计时击磬活动;六一儿童节的书画奥运梦想活动;"墨舞冰雪助力冬奥"——王次仲故里全国书法笔会作品展;《京冀冬乐图》大型国画长卷暨"冬乐照片"赠予仪式;组织策划全体职工观看申冬奥直播,见证了北京联合张家口申冬奥成功时刻,当天即时编发的"庆祝北京联手张家口申冬奥成功"的微信达到了上千次浏览量。

北京奥运博物馆作为一座现代化、国际化的博物馆,未来将继续发挥自身职能,推动社会可持续发展。奥博将立足奥林匹克公园的区位优势,打造奥运文化系列展览,结合社会热点举办各项博物馆活动,增强奥运文化的吸引力、亲和力、感召力,积极参与国际学术交流,为推动我国文化软实力做出贡献。

参考文献

[1] 博物馆条例[M].北京:中国法制出版社,2015.

洪泽湖博物馆可持续发展的几点思考

高　燕

（江苏洪泽湖博物馆）

【摘　要】洪泽湖博物馆属于县级综合类博物馆，它是反映一个地区历史文化底蕴的窗口、展示一个地区发展文明的平台，是向公众开放的非营利性社会服务机构，是国民教育体系的重要组成部分。然而在发展过程中，县级博物馆受规模限制、资金限制、人力限制等，其社会效益的发挥受到严重制约。如何更多地参与到社会发展的进程之中，对于所有的博物馆来说，都是现实和永恒的挑战。

【关键词】博物馆　发展　现状　制约　思考

一、引言

国家文物局局长励小捷在 2015 年"国际博物馆日"接受记者专访时就博物馆职能与社会可持续发展之间的关系谈了自己的理解：

"博物馆的相关工作，例如公众教育以及展览策划，应当努力朝向'创建可持续发展社会'的角度开展探索和实践。作为博物馆工作者，我们必须全力以赴，确保博物馆成为维护社会可持续发展的重要文化推动力。"

如何更多地参与到社会发展的进程之中，对于所有的博物馆来说，都是现实和永恒的挑战。

二、洪泽湖博物馆的发展困境

洪泽湖博物馆(以下简称"我馆")属于县级综合类博物馆,它是反映洪泽湖地区历史文化底蕴的窗口、展示洪泽湖地区发展文明的平台,是向公众开放的非营利性社会服务机构,是国民教育体系的重要组成部分。目前,洪泽湖博物馆免费对外开放,但是由于受资金、藏品、人才等因素的制约,博物馆展示水平难以提高,难以适应人们日益增长的物质和文化的需求,其表现如下。

(一)资金来源渠道狭窄,缺乏资金支撑

我馆发展建设属于公益性事业,资金主要靠财政行政拨款、捐赠等社会资金,来源极度缺乏,这就导致资金来源渠道的单一性,在行政拨款不足的情况下,我馆正常的工作开展就受到严重制约,更谈不上进一步的发展。资金保障是我馆各项工作有效开展的基础,我馆作为非营利性组织,由于不能为当地财政创造直接经济效益,因此在当地财政预算中得不到重视,除了人员工资外,基本上没有其他方面的拨款,约束了我馆人才队伍建设、文物保护建设和文物管理建设等正常工作的展开,社会效益也就难以实现。

(二)人才队伍力量薄弱,缺乏人才保障

人才缺乏也是我馆当前发展的一大困境。由于县级博物馆级别低,大中专毕业生分配较少,加上没有人事自主权,难以对口选择人才,专业性强的文物修复和保护、考古勘探等方面的人才更是严重缺乏。而文物自身的特殊内涵决定了博物馆是专业性很强的部门,要求有专门技术人员对文物进行维护、研究与开发。另一方面,馆内工作人员少,一人担负多项工作,被迫"多专多能",专门从事文博工作的人员就更少,更缺乏既懂专业又懂管理的复合型人才。人才缺乏使得博物馆工作开展起来困难重重。事实上,像我们这种地方小型博物馆受地域限制、资金限制等问题,难以吸引和留住高素质人才,而现有人员又普遍缺乏文物保护技能,且工作能力有限,致使馆藏物品的有效管理和保护问题无法落实。此外,人才队伍建设中还存在着编制、学历、专业、知识结构等诸多问题,

制约着我馆的人才队伍建设。

(三)管理制度不完善,缺乏制度规范

我馆由于规模小、人员少、专业性较低等原因,在发展的过程中对馆藏物品的管理缺乏有效的制度,致使馆藏物品管理混乱,文物保护工作难以落实到位。目前我馆收藏数量不大,只有数百件文物,但由于对馆藏物品分类登记和存放管理的不规范、编目统计的不清晰,给文物管理和保护带来很大的难题,常常存在馆藏品账目查找不到、实物流失等问题。同时管理制度的不完善还降低了工作人员的责任心和工作的积极性,导致管理团队涣散、人才流失等问题的出现,由此形成恶性循环,严重破坏我馆的健康发展。

(四)社会认知不足,缺乏有效宣传

我馆在建立之初重硬件设施,轻内部管理,在展厅装饰上花费大量资金,对馆藏管理和博物馆宣传却投入较少,致使博物馆建成之后难以实现保护文物、发掘区域文物、宣传地方文化的社会职能。这种情况下,受馆藏物品种类、数量及宣传规模的限制,我馆影响力较小,社会认知和了解程度较低。调查我县观众对博物馆的了解渠道后发现,观众主要分为以下几类:一类是慕名前来的,这类观众只占1%,大都是周边地区同级博物馆介绍而来;一类是出于观光旅游的目的来参观的观众,在我县旅游旺季带动人们对博物馆的参观兴趣,此类观众占2%;一类是本县各学校出于活动要求前来参观的学生,此类观众占85.2%,是我们最大的观众来源;还有一类观众是通过亲戚朋友介绍来参观的,此类观众占10.8%。也就是说,观众通过媒体宣传了解博物馆的比例只有1%,所占比例非常低。由此可见,由于不注重宣传,我馆的影响力和知名度受到较大影响。

三、洪泽湖博物馆可持续发展的几点建议

(一)开源节流,拓宽资金来源渠道

《博物馆管理办法》明确规定,国家鼓励博物馆发展相关文化产业,多渠道筹措资金,促进自身发展。资金保障是我馆发展的基础,在当前财政拨款不足的情况下,我馆应当凭借自身资源和特色去寻求社会资金,发挥自主性,拓宽资金来源渠道,这样既能减少对财政资金的依赖,更能有效促进自身的良性发展。

首先,我馆应当以现存的文物展览为依托,丰富文化服务项目,提升文化服务能力和知名度,吸引更多的社会资源关注我馆。然后,通过发展相关产品,打造文化产业链,增加经营性收入,比如开设具有洪泽湖地区特色的纪念品专柜、举办一些特色主题培训等,不仅能够扩大我馆知名度,更能拓宽资金来源,增强我馆生命力。

其次,我馆还可以积极寻求同行的协同发展和社会其他机构、组织甚至企业的合作和帮助,通过提供各项丰富的文化服务争取社会捐赠。

最后,我馆在资金支出上要量入为出,坚持专款专用,扩大对文物保护和人才培养的资金投入,提升对馆藏物品的保护和对区域文物的发掘,丰富馆藏物品种类和数量。

(二)重视人才,把握人才队伍平衡

人才保障是我馆发展的基础。这里的人才包括组织管理人才、馆藏管理人才、文物保护人才及宣传人才等,当然对我馆而言,无论是资金还是规模上都不可能建立起全方位的人才队伍,更多的应该是从人员的综合文化素养及业务技能方面来考虑,同时还要重视人才结构的配置,以保证博物馆发展的人才需求。

首先,我馆应当不断邀请专家,保证每年 3—4 次对博物馆现有的管理机制和文物保护方式进行指导教育培训,提升博物馆文物保护和展览能力。

其次,通过引进新人才,逐步替换业务能力差、素质低的老员工,一步步扩大和增强我馆人才队伍。

最后,要在人才结构上把握平衡,兼顾管理人才和技术人才平衡,兼顾各年龄阶段人才搭配平衡,以促进我馆人才建设的长效发展。

(三)规范管理,完善制度体系

规范管理制度,建立健全博物馆管理体系,促进人员管理、资金管理、组织管理和馆藏管理的规范化、制度化,是我馆健康发展,实现馆藏有效保护的根本。《博物馆藏品管理办法》规定,博物馆馆藏保管工作必须做到制度健全、账目清楚、鉴定确切、编目详明、保管妥善、查用方便。这就要求我馆必须建立规范的管理体系,针对我馆需要,制定岗位设置要求,并实行"定岗、定人、定责",实现管理工作的规范化和流程化。我馆可以以《博物馆藏品管理办法》为依据,制定合适的藏品分类登记明细和保管制度,使每一件馆藏都能实现账有所记、物有所管。

(四)开展活动,扩大社会影响

博物馆的设置就是为了实现文化的传承和文物的保护。我馆的开放是面向社会的,为更好地展现地方历史文化资源,我馆结合洪泽湖地区文化背景广泛开展展览活动,如 2015—2016 年,我们策划并展出了"古堰石韵——洪泽湖大堤石刻遗存展""舌尖上的春节""洪泽湖地区蝴蝶标本展""洪泽湖淡水鱼图片展""中华礼仪之邦现代文明社会——文明礼仪图片展",承接了"石上史诗——徐州汉画像石艺术展""心线神针——陆树娴、陆俊俭、陆蔚华刺绣作品展"等 12 个展览,扩大了社会影响力,充分发挥了爱国主义教育基地、科普教育基地、未成年人思想道德教育基地的作用。我馆作为洪泽县历史文化的载体,应当积极发掘洪泽湖地区特色文化,并进行全面的展览宣传。目前我馆正在积极创作我馆宣传片,通过宣传片的形式浓缩文化精华,通过和洪泽县各学校合作的方式,组织学生学习和参观物品展览,以增进对学生爱国主义情怀和地方文化历史的教育培养,提升学生对洪泽文化背景的了解和认知。同时我馆还走进社区和校园,广泛开展深入群众的展览活动,如"洪泽湖地区蝴蝶标本展""洪泽湖淡水鱼图片展"就是我们走进校园和社区的展览,让更多的人了解我馆,认识我馆,吸引更多的人参与到我馆事业的建设和发展中来。

四、结语

综上所述，当前，洪泽湖博物馆在发展中还面临着几大困境，要想实现快速发展，必须要着力突破这些困境，破除资金、人才等方面的制约，充分发挥我馆在社会发展和文化传承中的重要作用。

参考文献

[1] 米瑞霞. 县级博物馆可持续发展的思考[N]. 中国文物报, 2011-05-11(3).

[2] 韦雯彦. 也谈县级博物馆的发展困境[N]. 中国文物报, 2012-04-18(7).

[3] 周燕文. 对小型博物馆发展中面临困境及对策的思考[J]. 文化产业, 2014
    (1): 132-133.

丰富完善博物馆的公共文化服务功能

华兴宏

（安徽宁国市自然博物馆）

【摘　要】伴随着国民经济的快速发展，人们在满足了物质需要的基础上，对文化的需求日益提高。近年来，我国各博物馆的公共文化服务意识和能力得到不断提升，同时也凸显出诸多的问题和不足。随着我国政府构建公共文化服务体系重大政策的提出和实施，以及社会大众对公共文化服务需求的不断增强，社会范围内的公共文化服务内容和标准有了新的变化。在这种变化要求下，博物馆的公共文化服务功能需要不断丰富完善。

【关键词】博物馆　公共文化服务　服务　丰富完善

现代博物馆是征集、收藏、陈列和研究代表自然和人类的实物，并为公众提供知识、教育和欣赏的文化教育机构，是一所公众的社会大学。它和其他的教育机构相配合，组成社会教育网，并以自己特有的方式，让人们接受科学知识的熏陶，满足人们精神生活的需要，大大提高了公众的文化素质，为普及和提高广大人民群众的科学文化知识做出了自己应有的贡献。作为一项社会事业，博物馆必须发挥它为社会所需要并为社会所赋予的作用。

当代博物馆，已经从古典式的典藏与研究的场所，转为现代化的多方位、多渠道的资讯沟通与信息传递平台，博物馆更多地承担起传播科学文化知识，提高公民科学文化素养的责任，即公共文化服务功能。而且随着社会的发展，博物馆的这种功能将得到不断充实和提高。在这种变化要求下，博物馆的公共文化服务功能需要不断丰富完善。

一、博物馆公共文化服务的意义

仓廪实而知礼节,衣食足而知荣辱。随着社会生活水平的不断提高,人们对精神层面的追求也在不断提高。博物馆的功能也由原来的收藏转变为向人们传播文化知识,提高公众的文化素质。博物馆内展览着的各种实物都具有悠久的历史和非常高的艺术价值,文化内涵也非常丰富。博物馆通过对这些历史实物的研究、展览及讲解,能够培养人们的思想道德、爱国情操及审美情趣,起到非常强的社会教育作用。最近几年,我国博物馆的社会教育功能也在不断发展,不少城市的博物馆已发展成为公众的思想品德和爱国主义教育基地,是人们自我学习和丰富知识的社会大学。

二、博物馆公共文化服务的特点

博物馆运用自身历史实物的展示,客观、真实地向人们传播历史知识、自然知识及社会知识,起到了其他教育形式达不到的教育效果。博物馆的公共文化服务具有以下特点。

(一)社会性

在向人们提供和传播知识的方式上,博物馆和其他的教育机构有着明显的区别。博物馆的公共文化服务对象不受年龄、文化程度、职业及健康状况等个人因素的限制,任何有学习能力的公众只要有学习知识的意愿,都可以到博物馆,享受博物馆提供的无差别服务。

(二)多样性

目前大多数博物馆是采用展览形式来进行宣传的。为了紧跟时代发展的方向,博物馆的展览工作也在运用符合时代发展的方式来实现公共文化服务功能。由于大多数博物馆内收藏着很多文物,博物馆工作人员可以定期更新某些展览品来吸引参观者的兴趣。随着博物馆的发展变化,博物馆的社会教育范围也在逐渐扩大,博物馆已由原来单一的馆内陈列形式,发展成现在在馆外不同地方举办流动展览、巡展、博物馆专题知识讲座以及夏令营等目前流行的多样化教育服务方式。

(三)直观性

博物馆陈列展出的各种文物都具有悠久的历史和非常高的艺术价值,文化内涵也非常丰富。文物大都以实物的形式直接展示,直观、真实地向观众展示着历史知识、自然知识及社会知识。现在很多博物馆都在加强对收藏和展示文物的价值研究,使这些文物的公共文化服务功能得到更加充分的发挥。

三、博物馆公共文化服务功能的丰富完善

(一)提高博物馆工作人员的业务素质

由于参观者进入博物馆首先接触到的是博物馆的解说员,因此,博物馆解说员的解说工作便成了参观者接受博物馆教育的主要途径。博物馆应当加强对解说人员的业务素质培养,使他们具有较强的专业知识以及良好的语言表达能力,能够为参观者更好地讲解博物馆陈列文物的特点、历史内容、社会背景,以及文物所具有的深刻文化内涵,使参观者在博物馆内学到更多的知识。博物馆的工作人员要明确自身的定位,即工作人员是为参观者更好地参观提供服务技能的,而不是来监督和管理参观者的,应当把"以人为本"作为工作的宗旨,不断提高自己的业务素质。在参观者遇到困难时,博物馆工作人员应当主动热情、耐心细致地提供帮助和服务,让参观者在和谐愉悦的博物馆气氛中学到新知识。博物馆讲解人员还应当根据不同参观者采用不同的讲解方式,更好地吸引、启发和教育参观者,让其一听就懂,这样参观者的学习兴趣和热情就会得到提高。

(二)结合地方特色

博物馆是地域文化的有效传播使者,应当加强对地域文化的宣传与教育。

博物馆在进行陈列展览时,应当大量挖掘当地的民间习俗和本地文化,积极引入具有当地特色的物质文化内容,引发参观者的共鸣,达到预期的展览效果。博物馆要避免片面的高品质、高档次的展览,注重群众藏品展览,要收集当地民间的非物质文化遗产并集中进行展览,让更多的人来博物馆参观。此外,博物馆在进行本地域文化展示时,应当加强与参观者的互动交流,不断提高博物馆的展览水平,更好地发挥博物馆的公共文化服务功能。

(三)拓展服务方式

博物馆应当拓展服务方式,以便更好地发挥自身的社会教育服务功能,具体可以采取以下措施:

(1)开展博物馆专题知识讲座。定期向社会群众、机关单位、企事业单位、学校等宣传爱国主义教育,以不同的方式充分发挥博物馆教育功能的优越性,不断提高人们的知识文化水平和素养。

(2)出版科普刊物。博物馆可以出版发行一些有关收藏文物的科普刊物,增加人们对所收藏文物的文化内涵的了解。此外,博物馆也可以在各展览台前放置关于该展览文物的一些科普知识画册,免费提供给参观者使用。

(3)在展览中融入高科技。现代高科技的运用能够把展览文物的内涵更加准确和全面地展示给观众,能够加强参观者与展览文物的交流,不断激发观众对展览文物的好奇心及强烈的求知欲望,为参观者学习文化知识提供更好的条件。博物馆展览要运用高科技,最大限度地还原社会生活和自然历史,让人们更好地接受自然科学知识的熏陶,不断丰富人们的精神生活。例如:在鸦片战争展示厅,博物馆可以运用多媒体技术给参观者展示一些与鸦片战争相关的照片和影像资料,让参观者更好地认识中国那段屈辱的历史,培养参观者的爱国情操。

(四)调整建设方向

博物馆的主要功能是通过所收藏陈列的文物进行宣传、教育,传播文化知识。所以博物馆的建设者们在建馆设计时,应该投入大量的资金到藏品上,收购更多有价值、有教育意义的物品放在馆内,并不断更新,从而吸引观众,让大家流连忘返,而不能把有限的资金过多地花在无价值的附属装饰上。

(五)认清公共文化服务作用,推动博物馆事业发展

博物馆事业的发展,是其公共文化服务行为由专业化走向社会化的过程。博物馆要加强社会调研工作,注重社会发展对博物馆教育服务的影响,了解公众业余生活状况和变化趋势,了解观众的知识结构和学习方式,以组织满足社会需求和得到观众欢迎的展览和教育活动。博物馆要注意收集大众传播媒介对博物馆的报道及评论,注意捕捉文化、文物及博物馆工作的发展动向,开辟新的工作领域。

总之,博物馆是一本立体教科书,形象、生动、具体、直观、深刻。它既为成人提供教育服务,又是广大学生喜爱的"第二课堂";既是老年朋友的开心驿站,也是少年儿童的乐园。充分认识博物馆的公共文化服务功能,必将推动博物馆事业更好更快地发展。

浅析博物馆临时展览标题的命名

——以中国湿地博物馆为例

孙洁玮

（中国湿地博物馆）

【摘　要】临时展览是博物馆固定展览的重要补充，是博物馆活力的表现。临时展览标题对于展览宣传和博物馆公众服务起着重要的作用。本文通过阐述展览标题命名的重要性和关键点，同时分析中国湿地博物馆举办过的临时展览标题，提出相对应的意见和建议。

【关键词】博物馆临时展览　展览标题命名

一、临时展览标题命名的重要性

临时展览是博物馆陈列展览的重要部分，具有专题性强、展览周期短、展示内容更新快等特点。它是博物馆固定展览极为必要的补充，以满足受众不断增长的文化需求。临时展览的主题策划十分关键，而给选题起一个恰当的名字也相当重要。

展览的名称，如同人名、书名一样，是给人的第一印象，好的名称能为展览增色添彩。日本一位学者指出，销售商品有四大要素：命名、宣传、经营、技术。他将命名排在第一位，说明了其在商品销售中的重要性。临时展览虽然不是商品，但对前来参观的观众来说，也算是一种文化消费，因此博物馆也应注重对展览标题的包装，从而吸引更多受众前来参观。

二、临时展览标题命名的关键点

(一)应符合展示内容,突出主题

临时展览的标题应与展览的内容相吻合,这是展览标题命名的基本原则,即展览的"名"与内容的"实"必须相符,应避免出现"标题党"。若"名"不副"实",则会使观众产生心理落差,有损博物馆的诚信。因此展览工作人员应综合展览内容、展示水平、展览意义等各方面因素,做出客观的评估,确保展览标题"名"副其"实"。

同时,展览标题应突出主题,点明展览的主题思想。在拟订展览标题时,应将主题内容和策展目的加以融合、提炼、升华。在当今各类新闻消息爆棚的快节奏时代,大多数人的阅读习惯是先看标题,对标题感兴趣了才会深入了解具体信息。同理,看到一则展览通告,首先映入眼帘的就是展览标题,观众会根据标题来判断是否对展览感兴趣并决定是否前往参观。若标题信息模糊不清,则阅读者还需借助其他媒介获取展览信息,但并不是所有人都会愿意花时间找更多资料来了解的。

(二)应浅显易懂,避免生涩字词

一个好的临时展览标题,应该简单明了、通俗易懂,避免出现生僻难懂的字词。标题的文字本身已较简短浓缩,若再出现生僻的字词则会干扰受众对标题的理解,不利于展览的传播。应考虑到接收展览信息的人群文化程度是参差不齐的,如果标题让人看了摸不着头脑,使受众潜意识里产生自己去了也看不懂展览的心理暗示,那么就会削弱他们的参观欲。

再者,生僻难懂的标题既不方便阅读也不利于记忆,因此也十分不适于口头传播,会降低展览的亲切感,阻碍展览主题的顺畅传达和展览的大众宣传。所以,展览的标题应尽量保证绝大多数受众能认识其中的每一个字,从而对展览的参观量产生正面的影响。

（三）应有新意、有趣味

综观当下国内博物馆展览标题，不难发现，都存在一个命题模式僵化的问题。据统计，约 64％的展览标题形式为主副标题联合，主标题重在写虚，副标题重在纪实，且 60％为四字成语或词组。此类命名模式给人一种中规中矩的感觉，也能较完整明晰地传达展览主题，但是被过多地使用也会存在不利影响。就如同套用公式一样，容易限制专业策展人的思维模式，从而缺乏创新。

一个好的临时展览标题，应该在符合基本原则的基础上力求创新，打开思路，避免生搬硬套。除了主副标题结合的形式，还可以使用联系法、直叙法、引用法等，使受众从标题上就能感受到展览的新意和灵气，激发他们的兴趣和联想。同时需要注意，命名的创新不代表毫无束缚，使用一些花里胡哨、天马行空的标题，结果将会适得其反。

三、浅析中国湿地博物馆临时展览标题

中国湿地博物馆位于浙江省杭州市，毗邻西溪国家湿地公园，建筑面积 20200 平方米，布展面积 7800 平方米，是全国首个以湿地为主题，集收藏、研究、展示、教育、娱乐于一体的国家级专业性博物馆。中国湿地博物馆于 2009 年 11 月正式对外开放，开馆 7 年来，先后举办临时展览近 50 场，平均每年举办 7—8 场，围绕"湿地"主题，展览类型丰富多样，主要包括自然科学类、自然文化类、人文艺术类和跨境合作类等。

（一）自然科学类

"湿地"是中国湿地博物馆的首要展示主题，因此，自然科学类的临时展览，是湿地博物馆的展览重点，博物馆早期的临时展览主题也都围绕与湿地相关的内容展开。其中，展示动植物、自然标本的展览占了大多数，包括"远古湿地·生命奇观——中国恐龙化石大展"、"寻找湿地·生命足迹——非洲动物展"、"自然结晶·湿地之魂——矿石精品展"、"神奇湿地·岩层秘影——热河古生物化石展"、"神奇湿地·海洋奇观——海洋生物展"（图 1）、"活力湿地·百变精

灵——昆虫展"、"生命奥秘·脊椎王国——动物标本展"等(图 2)。

图 1　神奇湿地·海洋奇观——海洋生物展

图 2　生命奥秘·脊椎王国——动物标本展

不难发现,该类展览的命名方式较为统一、规律,均以两组四字短语结合成为主标题,搭配副标题,整体感觉工整对仗、简洁明了、浅显易懂,突出了"湿地"主题。试图组合成一个"××湿地·××××——×××展"的系列,从而组合成一套系列主题类展览。同时,也存在命名模式略单一的问题。自然科学类展览的受众以青少年居多,因此,应该以简单直白、生动有趣的标题来作为展览名称,唤起学龄儿童的参观兴趣。

(二)自然文化类

中国湿地博物馆于 2012 年开始推出自然文化类临展,多以常见的动植物为主题,如"清幽湿地·圣洁仙子——中国荷文化展"(图 3)、"田野飘香·禾影生辉——秸秆文化艺术展"、"湿地精灵·蝶影缤纷——蝴蝶文化展"(图 4)、"碧海遗琼·奇古绛树——珊瑚文化展"等。

图 3　清幽湿地·圣洁仙子——中国荷文化展

图 4　湿地精灵·蝶影缤纷——蝴蝶文化展

　　将自然与文化相结合的展览,相比纯自然类展览,内容更丰富多元,一般以先科普自然知识再升华至文化层面为展示顺序。相对地,该类展览对标题的命名也有了更高的要求。笔者认为荷文化展的标题对展览主题的贴合度较好,"清幽""圣洁"正是"出淤泥而不染"的荷花给人的美好感受。而秸秆展的主标题前后对仗,"田野"对"禾影","飘香"对"生辉",其中的"飘"和"生"更带来一丝灵动的感觉。

　　此外,西溪湿地的自然人文风貌也是湿地博物馆临展的重头。西溪湿地位于杭州西部,与西湖、西泠并称杭州"三西"。西溪文明可追溯至 5000 年前的良渚文化时期,西溪湿地是杭州最早的文明发源地之一。"西溪且留下",历代有许多名人雅士钟情西溪,将其视为休闲、养生、隐居和吟诗作画的理想佳境。

　　湿地博物馆的固定展览中,有一个西溪厅专门用来展示西溪湿地民俗和自然风貌。同时,博物馆也会定期推出以西溪为主题或与西溪有关的临展,迄今已举办"水调浮家——西溪民俗文化展"、最美湿地展、"生态湿地·齐辉西溪——中国湿地公园主题展"、西溪旅游纪念品创意设计大赛成果展、"西溪印记——李忠摄影展"、"天堂渔事·水乡风情——西溪渔文化展"、"西溪且留下——湿地瓷画艺术展"、"同书西溪赋·共抒西溪情——全国书法邀请展",以及以西溪湿地为主题的油画展和水墨画展,等等,展览内容涉及面广,形式丰富多样。

以西溪民俗文化展为例,"水调浮家"四个字可以说是较准确地概括了西溪民俗的特色。"水调"是词牌名,取其为展览名就如同给一首诗歌命名一般,"浮家"就是浮在水上的人家,西溪的特色是水上生产生活,两者连在一起,不仅体现了西溪湿地水道如巷、河汉如网的地貌特征,还着重点明了"水"之于湿地的重要性,说明了西溪人的生活都被笼罩在水的环境和诗意的格调中。

(三)人文艺术类

中国湿地博物馆的中庭,有一圈从一楼通向三楼的回旋长廊,长廊的空白墙面配合透明玻璃采光顶,是图片类展览较理想的展示区域。近年来,以人文艺术类为主题的展览也越来越频繁地出现在中国湿地博物馆的临展名单中,如书画类、摄影类,该类展览大多与外界相关人士或机构合作共同举办。

湿地主题少儿绘画大赛从 2012 年开始举办,已连续举办五届,大赛的评选结果也会以作品展的形式在博物馆专题展厅展出(图5、图6)。绘画大赛的主题依次为"绿色家园""画说我身边的湿地""湿地——生命的摇篮""跟着童画游湿地""温暖旧时光"。儿童画类的展览主题应贴近童趣,简洁明了、活泼生动,避免使用过于生涩难懂的词汇,便于受众的理解和公众间的传播。此外,可取一些创意的"错别字",如"画说"(话说)、"童画"(童话)。

图5 2016"温暖旧时光"湿地主题少儿绘画大赛获奖作品展(一)

图 6　2016"温暖旧时光"湿地主题少儿绘画大赛获奖作品展(二)

　　湿地博物馆举办过的书画展、摄影展有:"佛的足迹——张望摄影作品展""西溪印记——李忠摄影展""百花迎春——何水法花鸟画展""逐梦自然——俞肖剑生态摄影展"。个人作品类的书画展或摄影展,标题中一般需要放入作者的姓名,同时,该类展览一般都以回顾过往的作品为主,也应使用简短明晰的词组,开门见山,直接点明展览主题,再融入一些诗情画意的艺术元素。

(四)跨境合作类

　　中国湿地博物馆在注重与国内同行相互学习交流的同时,也积极寻求机会开展国际交流合作。2012 年经美术报牵线,与来自西班牙的众位油画家合作,入湿地现场进行写生创作,随后展出,名为"喜迎盛会·画说湿地——中国西班牙油画家西溪湿地写生创作展"(图 7)。2014 年时值中法建交 50 周年,湿地博物馆也推出了一系列法兰西风情展,包括"卡马格,随着时间的推移——法国卡马格湿地自然保护区风采展"(图 8)、当代法国油画艺术展、"移"中法大型画展等。

　　这类跨境合作的展览,展览标题应尽量体现高端大气上档次的氛围,参考尊重合作双方的意愿对展览进行命名。此外,一般国际类展览名,除了中文,还会附加标注外文,应注意相应外文的拼写、语法、格式等是否正确,避免出现歧义、拗口等错误。

图 7 喜迎盛会·画说湿地——中国西班牙油画家西溪湿地写生创作展

图 8 卡马格,随着时间的推移——法国卡马格湿地自然保护区风采展

四、结语

随着浅阅读、选择性阅读、读题时代的来临,越来越多的业内人士和广大观众已认识到临时展览标题制作的重要性。一个好的展览标题,不仅有利于展览的公众宣传和传播,吸引和引导更多的观众,激发他们的兴趣,进而提升参观量,而且能够更好地提高和完善博物馆的影响力、吸引力和公共服务能力。

参考文献

[1] 毛珊君.如何为展览取一个好名字[N].中国文物报,2016-04-13(8).

[2] 路秀华.对临时展览选题的思考[J].中国博物馆通讯,2003(10):14-17.

[3] 毛剑勇.别具一格:展览标题一字经[N].中国文物报,2014-09-02(8);2014-09-16(8);2014-09-30(8).

[4] 范美俊.展览名称要慎用[J].书法,2015(12):156-157.

谈博物馆临时展览工作实践的几点思考

周　圆

（中国湿地博物馆）

【摘　要】当今社会,特别是终身教育风靡全球的今天,博物馆已成为重要的社会文化教育场所。近年来,随着博物馆的免费开放和馆际间交流合作的日益密切,临时展览如雨后春笋般迅速发展,给博物馆事业注入了勃勃生机。临时展览吸引了越来越多的观众,也向博物馆工作者提出了新的要求和挑战。本文将阐述临时展览的意义、特点及作用,并以中国湿地博物馆为例,浅谈在临时展览工作实践中的若干思考,尝试探究如何有效地设计与实施临时展览。

【关键词】博物馆　临时展览　展陈　设计与实施

陈列是博物馆特有的语言,陈列展览是博物馆实现其教育职能的主要方式。当前,我国博物馆事业蓬勃发展,各地纷纷投入资金筹建新馆,各大博物馆展陈面积和展陈质量显著提高,无论是内容、形式还是空间的营造都达到了新的高度。据统计,全国年均举办陈列展览 1 万个以上,而其中很大一部分展览是以临时展览的形式展出的。随着国内外馆际交流的日益密切,临时展览取得了长足发展,有效地策划、设计和实施临时展览,已成为各馆提升博物馆工作的重要手段。

中国湿地博物馆自 2009 年 11 月开馆,立足西溪本土,挖掘湿地文化,充分利用馆藏,不断拓展和深化展览内涵,努力探索和创新办展模式。截至目前,已成功举办了 60 余场临时展览。其中,2015 年至今,共举办"碧海遗琼·奇古绛树——珊瑚文化展""百花迎春——何水法花鸟画展""跟着童画游湿地——

2015 湿地主题少儿绘画大赛获奖作品展""一代伟人——毛泽东艺术品展""天堂渔事·水乡风情——西溪渔文化展""经纬藏珍——董正泉先生地图收藏展""西溪且留下——湿地瓷画艺术展""同书西溪赋 共抒西溪情——全国书法邀请展""生命奥秘·脊椎王国——动物标本展""逐梦自然——俞肖剑生态摄影展""温暖旧时光——2016 湿地主题少儿绘画展"等 14 场选题丰富、大小不一的临时展览。这些临时展览虽然展期普遍较短,布展也相对简单,但参观者仍然络绎不绝,受到了广泛好评。

临时展览的繁荣与兴盛吸引了越来越多的观众,给博物馆带来了勃勃生机,这令人欣喜,但同时也发人深省。频繁举办的临时展览在短时间内选题,在短时间内设计制作,又在短时间内宣传展出。如何让临时展览区别于常设展览? 如何让每一个临时展览更具特色,让观众常看常新? 博物馆临时展览的发展之路依然任重而道远。

一、博物馆临时展览存在的意义

陈列展览是博物馆工作的重要环节,根据时限的长短,博物馆的陈列可分为两大类,一是基本陈列,二是临时展览。基本陈列和临时展览是相辅相成的两个有机组成部分,是博物馆与社会大众之间沟通最重要的纽带与桥梁。而临时展览作为博物馆基本陈列的一个重要补充,改变了博物馆以往由固定展览独当一面的局面。

近年来,我国的文博事业取得了令人瞩目的成绩,临时展览如雨后春笋般迅速发展。临时展览选题涉及广泛,形式多种多样,反映社会热点,紧跟时代潮流,和人们的生活密切相关,可以满足观众多方面的文化需求。人们对临时展览的青睐,给临时展览的举办带来了许多机遇,但同时更是挑战。博物馆应根据自己的馆藏资源和主题特色,不断推出临时展览吸引观众参观。在展览内容上要遵循科学性、全面性、趣味性原则;在展览形式上可强调小型化、个性化、知识化;在思想上要与时俱进,发展创新,以满足广大观众精神文化需求和审美需求,从而实现博物馆的教育职能,提高博物馆的社会效益。

二、博物馆临时展览的特点与作用

(一)特点

临时展览的特点是相对基本陈列而言的。博物馆基本陈列一般建设周期长,成本巨大,建成开放后,短期内很难有较大的改动。而临时展览一般选题较为广泛,内容新颖,形式多样,展品选择较为自由,陈列艺术形式也比较灵活,无时间限制且容易更换。它能补充和辅助基本陈列,活跃博物馆内部工作,激发观众参观博物馆的欲望,增强博物馆的吸引力。

(二)作用

1.补充基本陈列

基本陈列是一个博物馆的灵魂。基本陈列内容丰富、布局科学、结构严密、制作精良,并且往往都是长期展出。一般来说,人们重复参观的可能性不大。随着时间的推移,博物馆的观众会越来越少。因此,博物馆在基本陈列的基础上不断推出各种临时展览,能为基本陈列注入新的血液,吸引更多回头客走进博物馆参观学习,从而起到补充基本陈列的作用。

2.丰富展览内容

临时展览的选题较为丰富,广泛涉及自然科学和文化艺术的各个领域,不仅能丰富博物馆展览内容,满足各个年龄、各个层次观众的需要,丰富人们的精神文化生活,还能充分发挥博物馆的宣传作用,履行博物馆的教育职能。中国湿地博物馆近年来举办的临时展览选题丰富、形式多样,主要包括自然环境类、生命科学类和人文艺术类三大方向。展览有面向少年儿童的绘画展,适合中老年人的书画展,更多的是老少皆宜的文化展、标本展、摄影展和艺术品展。

3.展示研究成果

博物馆可以根据自身馆藏特点和新的研究成果策划组织具有特色的临时展览,及时将新成果转化为展览展示给广大观众,普及知识,使人们从中受益,从而进一步促进博物馆的发展。中国湿地博物馆在 2015 年初举办的"碧海遗琼·奇古绛树——珊瑚文化展"就是一次充分利用馆藏,挖掘珊瑚文化的原创展览。展览精心挑选了红色笙珊瑚、多孔螅珊瑚、蜂巢珊瑚、细花鹿角珊瑚、多叶珊瑚、脑珊瑚、沙珊瑚等近百件馆藏珍贵珊瑚标本进行展出,旨在通过文字、图片、实物标本及现代工艺品的综合展示,使广大观展者意识到珊瑚对于生态平衡的重要性,以此唤起人们对珊瑚及生态环境的保护意识。又如"天堂渔事·水乡风情——西溪渔文化展",是建立在馆内研究人员对西溪地区渔文化研究成果的基础上,结合博物馆征集的相关文化艺术品举办的又一个原创性主题展览。

4.增进馆际交流

毋庸置疑,临时展览能起到文化传播的媒介作用。将优秀的展览引进来,将原创的展览送出去,既加强了馆际间的交流,又使不同地区的人们不出远门就能参观到优质的展览,体验到不同的文化。2016 年 3 月,中国湿地博物馆与大连生命奥秘博物馆联合举办了"生命奥秘·脊椎王国——动物标本展",让本地的观众在家门口就看到了世界上最先进的生物塑化技术制作的动物标本,增长了见识,开阔了眼界。另外,中国湿地博物馆通过加入浙江省博物馆学会和博物馆展览交流信息平台,不定期发布本馆展览信息,同时关注其他博物馆的临展资讯,增进了馆际展览交流。

三、博物馆临时展览的设计与实施

博物馆陈列展览应具有"思想性与艺术性、科学性与观赏性、教育性与趣味性的完美结合"的特征,因此,在短时间内不断推出一批高质量的临时展览并非易事。临时展览的设计与策划涉及诸多方面和环节,需要多个部门协调合作、统筹兼顾,具有较高的复杂性。临时展览要分析展品的特点,确定展览的主题方向,把展览文本的形式落实成为书面文字,随后进入展览的形式设计和实施阶段。在形式设计和实施阶段,设计人员应把握好总的设计原则,在追求艺术性的同时充分体现知识性和教育性,并考虑经济环保的因素,做到形式与内容统一,做好每一场临时展览。

(一)怎样把握设计原则

1.根据展览主题,确定展览风格

在展陈设计时,首先应根据展览的主题明确展览总体设计风格,从展览的内容文本提取重点,寻找最适合的切入点,发挥展品优势,扬长避短,突出亮点。以"西溪且留下——湿地瓷画艺术展"为例,展陈设计时,根据展览主题,确定以中式风格为总格调,选用米黄色为主色调,以衬托瓷画艺术品的高雅,构成沉稳、含蓄的展示风格。展厅中采用江南民居的青砖、粉墙、黛瓦等中式元素,显得质朴而淡雅。白墙、屋檐和马头墙鳞次栉比,形成了高低错落的形体节奏和庭院深邃的群体风貌,让人感到像是踏入了西溪寻常百姓人家。

2.围绕展品特点,设计展陈方式

由于临时展览选题的广泛,展品的种类也相对丰富多样,除了传统的文物、标本、字画、摄影作品等,还会涉及一些比较特殊的展品,展览设计时要充分考虑到展品的材质、体量和展陈的艺术效果,根据不同特点"因材施教"。"西溪且留下——湿地瓷画艺术展"的主要展品是两幅 35 米长、1.1 米高的瓷画长卷。为了让观众对两幅瓷画长卷一目了然,感受长卷带来的视觉震撼,通透大气是展览所追求的展示效果。根据展品的特点,展厅没有使用曲折的展线设计,而是采纳了传统书画展的展示方式并加以艺术装饰。同时,合理规划,运用了单循环展线,将展览出入口统一安排在专题展厅的一角,避免了参观路线的迂回反复。如此一来,便可引导参观者按照中国传统书画由右往左的观赏顺序完整地欣赏两幅瓷画长卷。

3.考虑受众群体,满足个性需求

不同年龄、不同层次观众的知识诉求和艺术审美是不尽相同的,在展陈设计时,虽然不能面面俱到,但可以根据对展览主要参观人群的分析,做出恰当的设计,满足个性需求。在"天堂渔事·水乡风情——西溪渔文化展"策划设计时,考虑到观众中青少年比例较大,主要遵循了以下两方面的原则:一是强调知识性。展览综合展示了西溪渔业的历史、发展等相关信息,以及与人民生活交融后所衍生出来的渔俗习惯和相关文化知识。整个知识体系完整,文字朴实易懂,具有较高的可读性。二是注重体验性。展览通过生动的场景再现、科学性互动体验装置及活体养殖等方法,将西溪丰富的鱼类资源和渔业情况向普通观众特别是青少年及儿童寓教于乐地进行展示。为了给观众更加直观的感受,对传统鱼缸进行了再包装,用活体展示了西溪的鱼类资源。另外,运用了多点感应互动展项,在展厅入口的半圆形区域,投影地面支持多人一起互动玩耍,当观众踩到投影的区域时,脚下的小鱼就会有相应的反应。

(二)怎样吸引观众眼球

1. 运用色彩凸显文化特征

现今,博物馆的基本陈列大都以地方通史和文化历史展为主,内容涵盖较广,时间跨度较大,其主色调通常运用明度和饱和度不高、易于搭配的色彩,如棕色、深红色、灰色等,突出厚重、沉稳和时代变迁的沧桑感。有时根据主题需要,也会选择如蓝灰色、黛绿色、象牙色等色彩。这些颜色较为明朗、柔和、低调,且容易配色,不会使人感到过于压抑和局促,有较为广泛的适用范围。不同于基本陈列的是,临时展览展出周期短,专题性和实效性都较强,可采用一些鲜艳的色彩和大胆的配色,以凸显独特的文化特征。

根据实验心理研究的结论,孩子们大多喜欢较为鲜艳的色彩,且更多地偏爱红色、黄色和绿色。如果展览是专为儿童举办,其色彩选择应更加丰富多彩,给人醒目、强烈、活泼之感,起到刺激儿童的视觉感官,吸引小观众注意力的作用。2015 年 5 月推出的"跟着童画游湿地——2015 湿地主题少儿绘画大赛获奖作品展",围绕"湿地"主题,选用了纯度适中的绿色、蓝色作为展览的主要用色。绿色让人想起郁郁葱葱的树林和绿油油的草地,从视觉上营造出自然界朝气蓬勃的空间印象,寓意人与自然的和谐相处;蓝色色泽柔和明亮,给人舒适清凉的视觉感受,干净犹如海洋湖泊,带给人快乐的感受。整个展厅形成了中纯度基调的色彩氛围,安静美好又不失童趣,使小观众们乐在其中。

在中国共产党建党 94 周年之际,博物馆推出了一场"一代伟人——毛泽东艺术品展"。展览展出包括像章、雕塑、刺绣、彩盘等艺术品共计 1400 余件,表达了对伟人毛泽东崇高精神的纪念和缅怀,为观众带来一次难忘的革命传统教育和一份高雅的艺术享受。展览选用红色为主色调,在专题展厅入口制作了红旗造型的主题墙,五面红旗排列有序、迎风飘扬,前方是一张毛泽东同志在天安门城楼上挥手的大幅照片。红色除了有喜庆吉祥的寓意,还代表了勇气和革命,是中国国旗的颜色。红旗凝聚军心,鼓舞斗志,激发勇气,昭示勇往直前、不畏牺牲的精神。因此,展览选用红色为主色调与主题契合。展览同时运用了白色和金色作为辅助色。白色属于无色系,明度最高,没有色相,显得较为淡雅纯净,与之搭配,可以中和红色浓郁强烈的色感。而少量使用的金色增添了展览的色彩质感,丰富了观众的视觉体验。

2.复原场景增强展览效果

在展陈设计时,复原一些较为现实的场景,让参观者走入其中或产生身临其境的感受,能使展览更具亲和力和吸引力。

"同书西溪赋 共抒西溪情——全国书法邀请展"在展陈设计时,根据琴、棋、书、画的设计理念,打造了古筝、书房和湿地三处造景:首先在湿地风景前的亭台上放置了古筝,配以悠扬的筝声,让参观者从视听两方面来感受西溪的文化底蕴;其次在展厅中间区域安排了中式书房造景,桌面上摆放着笔墨纸砚,桌旁放着画缸、卷轴,使人联想到文人墨客书画时的场景,也让人不禁产生挥毫泼墨的创作欲望;最后在展览的末尾打造了湿地景观,一侧为青砖黛瓦、回廊格窗,另一侧则是水鸟芦苇、石桌围棋,参观者可以在此小憩片刻,感受书法艺术的独特魅力。

又比如2016年推出的"生命奥秘·脊椎王国——动物标本展"。展览中有一组河马综合解剖标本特别引人注目,该组共四件展品,均出自同一头河马,每件长约2.5米、高约1.6米,分别展示了河马的内脏、肌肉、骨骼和皮肤。为了呈现出最好的展示效果,布展时制作了一处场景,采用造景方式,运用沙土、有机玻璃、棕榈、水草、树干等道具,还原了一片沙漠中的绿洲。场景背景采用一张11米宽、3米高的巨幅河马图片,布满整个场景的背景,图片中的六头河马正朝着前方的水源地走来,与前景中的四件标本形成较大视觉反差。近景远景交相辉映,场景对标本起到了很好的衬托作用。

3.利用灯光营造观展氛围

为了让观众的注意力集中到展品上,在灯光的运用上需要考虑照明强度和呈现的总体效果。灯光照明要将展品的形状、颜色、质感表现出来,又不能喧宾夺主,过于夺目。同时,运用灯光还可以打造独特的空间氛围,更好地为展览服务。

以"碧海遗琼·奇古绛树——珊瑚文化展"为例,展览很好地运用灯光营造出了美妙的展厅氛围。选用蓝色为主色调,提炼了海洋中的波浪、气泡等作为基本设计元素,制作海底隧道、海底礁石群等场景,配合蓝紫色的滚动灯光,营造了一个绚丽多姿的海底世界。同时,用五彩的礁石宝箱取代了传统的展柜,使形态各异的珊瑚在各色灯光的映衬下焕发出千面光彩。大型珊瑚标本则放置在圆形或半圆形的天蓝色台面上,铺上小碎石摆放标本,外围一圈竖条的白色弹力线,在光线的作用下,远看犹如旋动的海底水柱,起到了保护标本和装饰美观的效果。整个展厅展线曲折,富于变化,海蓝色的色调辅以律动的灯光及优美的音乐,带给观众身临海底世界的感觉。

4.注重互动激发观众热情

互动式的展览或在展览中设置一些互动环节,有助于观众更好地理解展品。观众通过自身的直接参与,加深对展览的印象。

"天堂渔事·水乡风情——西溪渔文化展"在展陈设计时,考虑到三基鱼塘是人类科学利用湿地环境的最好见证,在博物馆的中庭区域还原了三基鱼塘的基本风貌。利用中庭开阔的空间优势,规划了一片区域,挖深鱼塘,垫高基田,种植了柿树、竹子、桑树、芦苇、荷叶等仿真植物,采用仿真水面和真实水塘相结合的方式,模拟再现了西溪湿地的柿基鱼塘、竹基鱼塘、桑基鱼塘场景。人们来到中庭,拾级而上,在堤坎上闲庭信步,在塘边与鱼群嬉戏,可以近距离感受三基鱼塘多姿多彩的魅力。

又如2015年国庆节期间推出的"经纬藏珍——董正泉先生地图收藏展"。为了丰富展览内容,增加观众的参与度,在策划时,根据"万象之图""航海的大世界""坚韧不拔的大中华""世界唯有一个江南""西湖之美"五个单元的展品内容,分别设计了十二星座、七大洲、中国各历史时期、浙江省及杭州市的相关地贴,让圆形的地贴分布在展厅的地面上。这种新颖的互动方式吸引了许多观众驻足观看,给观众留下了深刻的印象。

"博物馆不在于它拥有什么,而在于它以其有用的资源做了什么。"随着我国经济文化各项社会事业的长足进步,博物馆正向多样化、专业化和现代化方向发展。在新形势下,博物馆要通过挖掘和引进的方式增加临时展览数量,提高临时展览质量,在满足观众不同需求的基础上,不断扩大博物馆展览的影响力和辐射力。作为博物馆工作者,更应紧跟时代步伐,了解国情,关注动态,不断提高自身专业素质,打造更多的临时展览精品。

参考文献

[1] 张露胜.博物馆临时展览的设计与策划——以山东博物馆等陈列展为例[J].理财(收藏),2015(1):90-95.

[2] 米玉梅.临时展览在博物馆中的作用[J].发展,2010(1):58-59.

[3] 陈博君.关于专题展览展陈效果和综合效益的几点思考——以中国湿地博物馆为例[G].中国自然科学博物馆协会湿地博物馆专业委员会.实践 融合 创新——湿地博物馆专业委员会2015年学术研讨会论文集.杭州:浙江工商大学出版社,2015:57-65.

[4] 冀胜贺.色彩心理学在室内设计中的应用与研究——以红色为例[J].艺术科技,2013,26(5):227.

杭州地区国有博物馆临时展览比较研究

王莹莹　孙洁玮

（中国湿地博物馆）

【摘　要】临时展览是博物馆活力的表征，其重要性不言而喻。成功的临时展览与强大的公众吸引力对策密不可分。本文通过调查分析 2015 年度杭州地区国有博物馆临时展览举办情况，阐释杭州地区国有博物馆临展举办的主流趋势与质量水平，提出改进和提升临时展览吸引力的四个对策，为更好地发挥博物馆公众服务职能奠定基础。

【关键词】博物馆　临时展览

一、杭州地区博物馆事业发展概况

截至 2014 年底，全国博物馆总数达 4510 家，其中，国有博物馆 3528 家，免费开放博物馆总数达到 3717 家，基本形成以中央、地方共建国家级博物馆为龙头，国家一、二、三级博物馆和重点行业博物馆为骨干，国有博物馆为主体，民办博物馆为补充的博物馆体系。据浙江省文物局网站显示，浙江省共有博物馆 285 家。杭州市所辖区域内共有博物馆 54 家，占浙江省博物馆总数的 19%，其中，国有博物馆 38 家，占杭州市博物馆总数的 70%。

临时展览的举办情况是博物馆是否有活力的重要标志，是满足公众不同需求、适应社会需要的保证。一方面，常设展览在时间的洗涤下逐渐褪去了原有的光彩。另一方面，对于一些主题型、沉浸式的布展场馆而言，要想在短期内频繁更新常设展览的展品并不现实。这就给展品的更新换代造成阻碍,降低了博物馆对社会大众的持久吸引力。此时,临时展览的重要性就显得尤为突出。

调查杭州地区国有博物馆临时展览举办情况,可以更好地掌握杭州地区国有博物馆临展举办的主流趋势与质量水平,学习优秀典型,总结经验教训,更好地发挥博物馆的社会职能,从而促进博物馆事业的健康发展。

二、2015 年度杭州地区国有博物馆临时展览举办情况

(一)数量

笔者对杭州市 38 家国有博物馆官方网站发布的 2015 年度临展信息进行调查,选取了博物馆活跃度、社会影响力及官方网站临展信息丰富度相对较高的 8 家博物馆列入本次比较。2015 年度杭州地区主要国有博物馆临时展览数量统计情况,请参见表 1。

表 1　2015 年度杭州地区 8 家国有博物馆临时展览数量统计表

名　　称	临展数量(个)	临展厅数量(个)	是否每月有临展
浙江省博物馆	14	2	是
浙江自然博物馆	6	1	是
中国丝绸博物馆	8	3	否
中国茶叶博物馆	4	1	否
中国湿地博物馆	9	1	是
杭州工艺美术博物馆	13	2	是
中国杭州低碳科技馆	1	1	否
南宋官窑博物馆	2	1	否

注:该数据统计的主要依据是每一个展览的开始时间。比如某一展览开始于 2014 年,结束于 2015 年,那么在此次统计中,不被归于 2015 年范畴。

从表 1 第二列数据可以得出,8 家博物馆 2015 年度举办临展的平均数量为 7 个。临展数量超过平均值的博物馆共 4 家,分别为浙江省博物馆(14 个)、杭州工艺美术博物馆(13 个)、中国湿地博物馆(9 个)、中国丝绸博物馆(8 个)。值

得注意的是,其中 2 家临展数量超过 10 个的博物馆,临展厅的数量及办展地点也相对较多。如浙江省博物馆除在孤山馆区、武林馆区临展厅外,还在西湖美术馆举办了 5 次临展。杭州工艺美术博物馆(又称杭州中国刀剪剑、扇业、伞业博物馆)除具有 2 个临展厅外,还在博物馆公共大厅举办了 4 次临展。需要说明的是,虽然表格中中国丝绸博物馆的临展厅数量最多,但由于自 2015 年 8 月1 日起至 2016 年 7 月 31 日在闭馆改造,年度临展数量受到了一定的影响,尽管如此,该馆临展数量依然处于平均数量之上。可见,临展厅的数量及办展地点的多少对临展数量存在一定的影响。

通过对 8 家博物馆临展持续时间的调查发现,浙江省博物馆、浙江自然博物馆、中国湿地博物馆与杭州工艺美术博物馆在 2015 年度的每个月都有临时展览,甚至存在双展并行的情况。这就意味着观众每个月进入这 4 家之一,都有临时展览可以参观,这也直接影响到博物馆对观众的吸引力。

(二)黄金周期

临时展览的黄金周期,也就是临时展览的旺季。博物馆是一个公共文化服务组织,举办临时展览要考虑到如何在一定时间内最大限度地为公众服务。因此,各个博物馆在策划临时展览时都会考虑到公众假期问题。教育是博物馆的重要职能之一,针对青少年的教育也占据了博物馆教育工作相当大的比重。通过调查统计发现,杭州市许多博物馆都会选择在暑期针对不同年龄的学生举办一些展览和活动,因此除公众假期(元旦、春节、劳动节、国庆节等)外,笔者也将暑假这一学生假期列入统计范围。具体统计结果参见表 2。

表 2　2015 年度杭州地区 8 家国有博物馆临时展览黄金周期统计表

单位:个

名　称	元　旦	春　节	劳动节	暑　假	国庆节
浙江省博物馆	1	2	3	3	3
浙江自然博物馆	2	2	1	1	2
中国丝绸博物馆	0	1	3	2	2

续　表

名　　称	元　旦	春　节	劳动节	暑　假	国庆节
中国茶叶博物馆	0	1	0	0	1
中国湿地博物馆	1	1	0	2	1
杭州工艺美术博物馆	2	3	2	3	2
中国杭州低碳科技馆	0	1	0	0	0
南宋官窑博物馆	1	1	0	1	1
总　　计	7	12	9	12	12

　　由表 2 可以看出,8 家博物馆都选择在中国的传统节日——春节期间举办临时展览。就黄金周期展览总数而言,春节、国庆节及暑假期间举办的展览数量最多(均为 12 个),但与其他 2 个节日的数量差别并不是很大。这里需要说明的是,表格中有些博物馆的 5 个统计数据总和大于 2015 年度该馆临时展览数量的总和(如浙江自然博物馆等),这是因为有些展览持续时间较长,覆盖了不止一个公众假期。

　　结合表 1 及表 2 数据可以看出,浙江省博物馆、浙江自然博物馆与杭州工艺美术博物馆的临时展览覆盖了全部的公众假期,这既有展览数量的原因,也有展期长短的影响。如 2015 年浙江自然博物馆 6 个展览的平均展期为两个半月,故正好覆盖全年的公众假期。总之,8 家博物馆都选择在公众假期举办展览,公众假期带来的人流量影响对博物馆有着特殊的意义。

(三)形式

　　从目前我国博物馆临时展览运行情况来看,临时展览一般有外部引展、合作办展和自主办展三种模式,各个场馆会根据自身的人力、经费等不同情况采取不同的方式举办展览。外部引展主要包括两方面的内容,一方面是指从专业的展览公司引进展览,另一方面是指巡展的引进。合作办展主要指联合两家及以上的机构共同开发展览,从而达到整合资源、丰富内容的目的。自主办展是指由办展场馆的研发团队进行开发和设计的展览。根据上述分类方式对 8 家博物馆的临展办展形式进行了分类,结果参见表 3。

表 3　2015 年度杭州地区 8 家国有博物馆临时展览办展形式统计表

名　称	自主办展（个）	合作办展（个）	外部引展（个）
浙江省博物馆	3	7	4
浙江自然博物馆	2	3	1
中国丝绸博物馆	5	3	0
中国茶叶博物馆	2	2	0
中国湿地博物馆	3	6	0
杭州工艺美术馆	4	9	0
中国杭州低碳科技馆	1	0	0
南宋官窑博物馆	0	2	0

　　8 家博物馆中,中国丝绸博物馆 2015 年度自主办展的数量占全年展览数量的比例超过 60％,如"以丝路的名义:丝绸之路小型文献展""西方时装资料展"等,都是充分利用馆藏资源自主办展;其余博物馆则以合作办展形式居多,几乎均超过全年展览数量占比的 50％;此外,茶叶博物馆自主办展与合作办展的数量各占 50％。相比之下,采用外部引展形式的博物馆数量较少,只有浙江省博物馆与浙江自然博物馆 2 家。如浙江省博物馆 2015 年引进的巡展"海上瓷路——粤港澳文物大展",该展由澳门博物馆、广东省博物馆、香港艺术馆三馆合作举办,已在澳门、广州、香港等地展出并获得良好反响。

　　通过计算三种办展模式占全年总体展览量比例可以看出(图 1),以合作办展形式举办的展览占 8 家博物馆 2015 年度展览总数的 57％;其次是以自主办展形式举办的展览,占比 34％;而外部引展的展览占比较少,不到 10％。由此可以看出,合作办展是杭州地区国有博物馆的主流选择,通过联合 2 家及以上的机构共同举办展览,可以最大限度地整合资源,丰富展览内容。同时,每一次联合办展经验的累积,对于办展单位展览策划、布展水平的提升及人才队伍的锻炼都是有利的契机。事实上,外部引展模式对于一些办展经费较足的场馆而言,也是一种提升展览含金量,开拓观众视野的好途径,但受到办展经费及引展前期烦琐工作的限制,尤其是涉及引进国外展览资源时,存在入关等系列手续办理问题,许多博物馆只能选择更加经济实惠的原创或合作办展模式。自主办展模式是博物馆保持核心竞争力及可持续发展的最佳选择,其对场馆自身藏品种类、数量及策展团队的水平都提出了较高的要求。

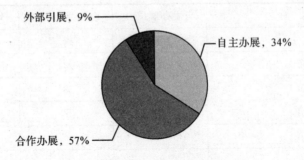

图 1　三种办展模式占全年总体展览量比例

(四)网络宣传

　　此次调查主要通过官方网站来了解杭州地区国有博物馆的临时展览信息。通过统计,在 8 家博物馆共计 57 个临时展览中,同时具备背景知识介绍、展品介绍并配有相关图片的展览有 51 个,占总数的 89%。与此同时,不少博物馆还为临时展览推出配套讲座及体验活动,并在网站上进行宣传。这一方面有利于观众在参观之前充分了解展览情况,为进一步学习和拓展相关知识提供了便利;另一方面也对博物馆公众服务形象的树立起到了良好的效果。

　　但有一点值得注意,8 家博物馆针对临时展览的网上介绍内容量都相对较少,基本以展讯的形式推出。从观众阅读的角度看,不免有千篇一律的感受。反观如美国大都会艺术博物网站的临展介绍,常常从更有助于启发观众去思考和联想的角度进行展览背景知识的延伸,更有利于观众多角度和全方位地了解和参观展览。笔者认为,在今后的展览宣传中,可以更多地加入一些展览的背景知识和藏品介绍,引发观众的参观兴趣,丰富观众的知识储备。可见,充分发挥博物馆的教育职能,为公众奉上更为丰富和精彩的临展盛宴,是博物馆业界同人需要共同努力的方向。

　　从杭州地区国有博物馆临时展览的调查结果可以看出,在展览数量方面各馆呈现出一定的差距;在临展黄金周期选择上,春节、国庆节及暑假最受欢迎;在展览形式方面,合作办展是主流选择;在临时展览网上宣传方面,各馆都采取了相似的宣传模式,但与大都会艺术博物馆等国外知名博物馆的差距比较大。

三、改进和提升临时展览吸引力的对策探讨

针对杭州地区国有博物馆临展存在的问题,如展览形式较为单一、基本设施资源投入较少、展览宣传内容较为浅显等,笔者认为应该从选题策划、宣传营销、资金分配与投入以及交流合作等方面,改进和提升临时展览的吸引力。

(一)选题策划

临时展览的选题应当是当下的热点话题以及观众所关注的、喜闻乐见的内容。只有展示主题贴近大众,将展示内容、目标与观众需求相结合,符合博物馆专业特色,才能对观众保持持续的吸引力。与此同时,在策划展览前要充分考虑展览涉及的主题范围、主题内容设计、主题内容表现形式、配套设施(包括展览呈现形式的音像、多媒体、灯光等)、人才配给、资金供给等。

(二)宣传营销

在市场竞争日趋激烈的今天,再优质的商品也只有搭配有效的广告宣传才能取得良好的销路。这就要求博物馆在与传统媒体深入合作的同时,不断加强自媒体建设,联合网站、微博、微信及智能 App 等新媒体形式,及时、灵活、有效地发挥宣传作用。此外,临时展览举办得成功与否,关键在于受众的满意度。博物馆应深入群众,充分了解观展需求,确立目标市场,从而有的放矢地开展营销。

(三)资金分配与投入

博物馆、纪念馆临时展览吸引力的提高,离不开资金的投入。人才引进、设施配套需要资金,在临时展览中作为桥梁的展品要得到更好保护,也需要资金的投入。为了更好地发展博物馆展览事业,更需要完善资金市场,设立博物馆发展扶持专项资金,出台专项资金管理办法,给予博物馆申报项目补贴和奖励,激活博物馆展览事业发展的文化市场。

(四)交流合作

坚持"走出去"与"请进来"相结合的战略,通过馆际交流学习,如开设临时展览(尤其原创展览)成功案例讲堂,实现藏品及展览信息的共享互惠,为今后的临展策划打下基础。尤其在人力、财力、物力相对欠缺的情况下,更需要对外寻求资源整合与交流的机会。博物馆的合作对象包括国内外博物馆及相关机构、政府单位、研究机构、专业学会、协会、地方团体、文化工作者、相关企业等,通过多元互动方式使博物馆在人力、财力、物力方面获得支持。

四、结语

博物馆临时展览事业的蓬勃发展,不是一蹴而就的事情。其吸引力的提高是多方因素共同作用的结果。只有积极借鉴国内外有益经验,厘清办展思路,才能办出更多高水平的展览。本着既要精致又要节俭,既能吸引人又要意味深长的理念,力求将临时展览办成影响力更广泛、更持久的流动展览,从而更好地发挥博物馆的公众服务职能,服务于观众,服务于社会。

参考文献

[1] 王珏.2014 年全国博物馆总数达 4510 家比 2013 年增加 345 家[N].人民日报,2015-05-19(20).

[2] 杨茜.上海博物馆和大都会艺术博物馆之临时展览比较研究[J].中国博物馆,2013(1):104-108.

[3] 韩琳.科技馆临时展览的发展探究[J].科技传播,2015(11):142,147.

[4] 叶洋滨.临时展览对科技馆的重要性[J].科技传播,2014(10):29-30.

[5] 宋晓蕊.博物馆临时展览吸引力的对策研究——以天津地区为例[J].中国市场,2016(4):107-108.

利用天然博物馆资源
建设校外实践课程体系
——野鸭湖创建科教活动新模式

闫　娟

（北京延庆野鸭湖湿地自然保护区管理处）

【摘　要】野鸭湖湿地博物馆依托北京市面积最大的湿地——野鸭湖湿地自然保护区而建，是野鸭湖科普教育的核心，多年来一直以多种形式的科普展览和活动向公众尤其是广大青少年宣传科普知识。广阔的湿地资源是开展科普教育得天独厚的有利条件，打开博物馆的围墙，将整个湿地变成博物馆则更能达到科教活动的目的。2015 年野鸭湖加入北京市校外实践活动课程项目，以新的观点研发并组织实施校外科教活动，取得了一些经验和感悟，打开了科教活动新局面。本文介绍了野鸭湖开发校外实践课程的理念及过程，与各位同行共享，为今后的科教工作积累更多经验，碰撞出新的火花。

【关键词】校外课程　设计过程　科教　课程研发

野鸭湖湿地博物馆(图 1)自 2007 年建成并对外开放以来，一直承担着野鸭湖湿地自然保护区的宣教重任，以展览、交流、特色活动等各种形式对外尤其是对青少年宣传湿地知识，进行科教活动，服务于广大青少年，为其成长和学习提供资源，全力配合教育行政部门和中小学校，在推进社会大课堂工作中做出自己的贡献。

独特的湿地资源吸引着大量的中小学校前来野鸭湖开展校外实践活动，创新、发展成为本基地面临的最重要的工作，如何最大化地利用湿地资源，与现行政策同步，与国际接轨，正是野鸭湖着重思考的问题。打开博物馆的围墙，扩大博物馆的范围,将博物馆与广阔湿地无缝对接,才是博物馆的发展之路,才能将资源最大化地利用和最有效地发挥。

图 1　野鸭湖湿地博物馆鸟瞰

一、野鸭湖校外实践课程的开发背景

2015 年,为贯彻落实《北京市中小学培育和践行社会主义核心价值观实施意见》和《北京市基础教育部分学科教学改进意见》,北京市教委全面启动"利用社会资源,丰富中小学校外实践活动课程"项目,并将其列入政府实事工程。

野鸭湖因在社会大课堂工作中的突出表现,从全市 400 多家资源单位中脱颖而出,被列为首批项目资源单位,开展研发校外实践活动课程工作。课程的开发要与实践相结合,需要研发与现行中小学课程相关的校外活动课程,并设计不同学段、学科,符合学生身心发展,且不能与课堂教育模式重复的新型校外科普教育活动。

二、野鸭湖校外实践课程的开发理念

(一)野鸭湖基地资源特点分析

野鸭湖湿地自然保护区是北京地区唯一一个以鸟类为主要保护对象的湿地自然保护区,保护区内生物多样性丰富,具有稳定性较高的生态系统,已经监测到的鸟类有295种,其中国家Ⅰ级保护鸟类9种,国家Ⅱ级保护鸟类44种。有高等植物472种,包括国家Ⅱ级保护植物绶草、野大豆,北京市保护植物花蔺和华北地区唯一的水生食虫植物狸藻。另有昆虫182种,鱼类40种。丰富的动植物资源使野鸭湖成为名副其实的"鸟类王国"和"动物王国"。

野鸭湖湿地自建区以来,一直致力于开展青少年科普教育工作,2007年建成华北地区首座湿地博物馆,又先后建成观鸟塔、观鸟楼、科普岛、科普长廊等科普设施,为广大青少年提供校外活动和学习的场所,具备开展校外实践课程的一切条件,能够为校外实践课程的开展起到良好的推动作用。学生通过学习野鸭湖湿地的课程,能够系统地了解生态系统知识,了解并熟悉野生动物及其生存的方式和环境,了解湿地在环境发展变化中的作用。

(二)基地资源与学生生活和学习的关系

基于野鸭湖的资源特点,所开展的校外实践课程以生物学、地理学、自然科学为主,结合学校课程,培养学生能力,以社会资源服务学校教学,以学校教育为校外学习打基础。

1.学校学习与校外基地教育相结合,不脱离实际

基地所开展的课程都根据现行小学、初中、高中教材的教学要求而定,总体以生物学、地理学、自然科学为主开展课程建设,以美术、野外拓展、手工为辅助课程,但在课程难度和教学方法上都有所不同。小学课程以趣味性为主,以唤起学生们的学习兴趣;初中课程以发散思维和实地考察为主,能够培养学生观察和思考的能力;面向高中学生则开展自主学习类课程。野鸭湖的校外课程与教材是相辅相成的,是课堂知识的延伸和补充,有利于学生接受

和掌握。

2.借助自然资源拓宽视野,增强学习兴趣

中小学生们在平时的学习和生活中少有机会能够真正地走进大自然,感受大自然,更多的还是从书本上和课堂上接受这些理念,而孩子们的天性就是回归天然,走进自然能够激发他们潜在的能力。在野鸭湖能够观察到很多平时"听其名而不见其形"的生物,亲眼见到这些动植物拓宽了学生们的眼界,从而使学生跳出书本,用自己的观察去学习知识,发现新的问题,创造新的答案。

图2 生态系统小瓶制作课

3.培养自主学习的能力

探寻学校教学目标和基地课程之间的联系,学生在基地老师的带领下,通过观察、记录、小组讨论、集体讨论、合作学习和研究、发表意见、提交学习结果、教师辅助指导的过程,培养通过自主学习发现问题、获取知识的能力。有创造力和独立思想的学生通常具有打破常规思维和积极主动的特质,而通过基地校外教育能让更多的学生逐渐摆脱被动接受已有知识的惯性思维,主动学习知识。

图3　野外观鸟课

4.有助于学科共融，提升多方面能力

野鸭湖湿地的课程学习，帮助学生通过观察、实践去理解比较抽象和枯燥的知识，转变成趣味性、直观性、娱乐性的知识，从而更好地理解和掌握各学科，并能够与其他学科互相带动，共同发展。野鸭湖湿地的课程建设以生物学为主，动物、植物、地理学科的联系能够很好地进行下去，而趣味手工课程和美术课程则能够培养学生们的审美和创作能力，还可以提升学生观察自然、欣赏自然、感悟人与自然和谐发展的综合素养和审美情趣等方面的能力。

（三）创建"没有围墙的博物馆"理念

1.以湿地博物馆为宣教核心

野鸭湖湿地博物馆总面积约3650平方米，展厅面积约1650平方米。展馆系统地介绍了野鸭湖湿地概况，让观众认识湿地、走进湿地、了解湿地动植物，从而达到保护湿地的目的。馆内陈列湿地知识展板、珍稀动植物标本、互动体验区及环幕影厅，多角度、全方面地介绍湿地知识，令参观者能够系统了解湿地。博物馆另配有实验室、活动教室、多功能报告厅等科普活动场所，可以满足校外实践课程的硬件需求。所有课程设计以博物馆资源为出发点，扩展至整个野鸭湖湿地，从核心出发向外延伸，呈发散状，但有聚集力。

2.广义定义博物馆,将整个湿地扩展成天然博物馆

野鸭湖湿地自然保护区是天然的资源宝库,这里拥有丰富的动植物资源,而"陈列"不再是有"围墙"的博物馆中的标本、图片和文字,它是富有生命的展陈。进入这个"没有围墙的博物馆",参观者可以了解动物从春天到冬天四季不同的状态,鸟类是怎么迁徙的,秋去春来一切尽在观察中;能够了解植物从发芽、生长、枯黄到衰败的全过程。与自然互动,真切感受知识的魅力,增强探索欲望,这不正是博物馆以知识普及为目的的基本功能吗?广义定义博物馆,能发挥博物馆的最大功能。

三、野鸭湖校外实践课程的实施目标

本项目旨在搭建北京市首个基于湿地文化与科学知识的开放式综合实践课程培养体系,建立起一套完整的校外实践课程体系,有助于学校和基地共同合作完成课程实施,让学生真正地感到校外实践课程对其学习上的帮助,进而将湿地知识渗透给每一位中小学生,达到湿地科学教育的目的。

四、野鸭湖校外实践课程的开发过程

(一)成立工作团队

成立野鸭湖专项工作组共同开发此项目,召集教委、学校、学科教师,聘请专业校外教育机构配合开展工作,形成"基地—教委—学校"三角形支持关系,校外教育机构助推的强有力团队。

(二)项目调研,制定开发方案

工作团队仔细研究野鸭湖湿地资源,将可开发的资源分门归类,根据学校现行教材中可与资源相结合部分进行分析融合,从而形成课程主题,根据课程主题深入进行内容剖析,从而形成初步课程方案及课程架构。

(三)课程实践与实施

野鸭湖校外实践课程整体框架建构完成之后需要与实验学校共同合作进行课程实验,在实验的过程中发现问题并进行改进和完善,才能够建设出符合中小学生学习特点及基地科普教育活动目的的"真正"课程。迄今为止,已经与20多所中小学进行了40场次4000人次的校外科普活动。在活动中基地教师与学校老师共同合作开展课程,以自主探究、小组讨论、"学习单"引导方式鼓励学生自己去探索和动手实践,获取知识。

图4　博物馆讲解员在培训小小志愿者讲解员

(四)课程方案完善

通过活动实践,在活动过程中发现问题,找出不足及时进行修改,不断完善活动方案和任务单,创新多种活动形式,这样,校外实践课程既能够贴近教材又能够与基地资源完美结合,并达到形式多样、新颖、易于接受的程度。

(五)编写教师、志愿者培训教材

1. 根据学生情况编写实用性培训教材

编写湿地教育探究活动师资培训教材,重点研究符合国内中小学生心理及生理发展特点,符合北京市教育发展情况,具有理论结合实践案例的师资培训内容。要提供较为详细的教具制作、引进及使用指导,要贴近学生生活的内容,熟悉的东西更能引起学生的兴趣,为学生获得能真正理解科学知识的经验提供前提和可能,使学生真正体验到学习内容对自己有相关的意义,发现和感受到周围世界的神奇,保持永久强烈的好奇心和求知欲望。在设计和组织活动时,要注意活动之间的连续性和层次性,这种连续性主要表现为要给学生提供连续的对科学的理解和体验,而不是随意的、盲目的活动;层次性就是要注意活动的难易和重点。重视活动的过程,在活动中提高学生的观察力、思维力、想象力,为培养学生的创造能力打下基础。教材应包含教师实际教学教案,以方便教师开展教育教学工作。

2. 聘请优秀专家参与培训材料编写

在教室建立、教材编写、实际培训的过程中,综合评定项目参与专家,并对专家进行专项划分,确定专业领域。大量寻找国内、国际本领域的专业人员,组织成立专家人才库。将人才库与配套服务信息化平台全面结合,打造成数字化、信息化、专业化的优质人才资源库。专家将具有独特的身份识别系统,此系统也将成为专家实际工作的有效记录设备,方便项目工作与管理。

五、野鸭湖校外实践课程的实施成效

通过研发校外实践课程项目,野鸭湖已经建立起了一套完整的校外实践课程体系,课程涵盖鸟类、植物、地质、水质、手工、艺术等,各类别分别下设不同学段、不同角度的校外课程,如"常见湿地鸟类辨认""湿地常见挺水植物认知""认识湿地及制作湿地水生生态系统瓶""鸟类巢穴的辨认""藻类分析""水质分析""湿地植物研究""环境的变化对鸟类的影响""湿地植物分布与作用""湿地典型鸟类调查""湿地功能探索""湿地公园与生活""野鸭湖鸟类资源调研"等。

通过开展校外实践课程,已经将野鸭湖基地的资源普及给了市内广大的中小学生,通过结合教材内容,他们已经不同程度地学习到了野鸭湖的鸟类、植物、地质、水质、美术、摄影、体育、手工等不同方面的知识。校外实践课程不仅促进了学习,也提高了学生的兴趣,更有效地将湿地科学知识以一种最合适的方式普及给学生,达到湿地科教目的。

六、建议和发展

(一)增强科教力量

野鸭湖也存在着一些不足,需要今后改进和发展,如科教部门的专业科普力量还亟待加强,如此拥有更多具有专业背景的科普工作者才能更有力地发展科教事业。

(二)增加行业交流

增加行业交流可以互相促进和提高,在交流的过程中开阔思路,创新理念,从而开发出更多类别适合当代科教形势的活动。

参考文献

[1] 刘雪梅.刘雪梅:创设生态课堂 弘扬湿地文化[J].中国德育,2012(2):39-40.

新媒体艺术的交互性
在博物馆中的应用分析

李　卉

（北京安达文博科技有限公司策划部）

【摘　要】随着计算机科学及网络技术的发展，新媒体艺术与移动互联网技术的交融在全社会范围普及与发展。相比于其他传统展示形式，新媒体艺术不但表现力更加丰富、表现题材更加多样，更重要的是其在交互性方面具有得天独厚的优势，利用交互手段可以给观众带来全新的交互体验。人们在接触新媒体展品时，不再只是被动地接收，而可以主动地与展示主体交流与沟通。在移动互联网终端的支持下，观众可感受更个性化的体验模式，这种方式加深了人们对展品的理解，强化了人们的体验感。本文对新媒体艺术的交互性在博物馆中的应用需求性、应用形式、应用内容等进行了探索与研究，旨在形成新媒体艺术的交互性在展馆中的一般应用方法，为未来的艺术创作提供指导与建议。

【关键词】信息传播　新媒体艺术　交互设计　互动性　观众体验

博物馆在展示方式上大体分为实物展示和新媒体技术展示两大类。随着时代的进步、科技的发展，展览展示的手段和方式也在不断地创新，采用何种传播信息的方式更快捷、有效且受人欢迎是展览信息传达的关键。新媒体的出现为展示的内容及陈列品带来了巨大的表达空间。

新媒体是相对于传统媒体而言的，它是从数字科技与生物系统相关的混合学科中诞生出来的一种新型媒体形式，科技在媒体中参与了其对信息的表达和传播。它作为高科技的产物，既是科技成果，也是展示形式。新媒体的发展依赖技术的进步,并在拥有互联网的基础上,将人与人之间的关系超越时空限制联结在了一起。在新媒体这种传播媒介中,信息的传播者和接受者之间的关系也被巧妙联结,也就是展项与参观者被联结到了一起。新媒体展项形式所承载的信息与参观者之间不再如传统媒介是单向指引关系,而是参观者也可以参与到展项中去,从而决定展品最终的输出结果。

一、新媒体艺术的交互性特征

(一)主动性、小众性与个性化

新媒体的互动特性改变了我们以往被动接受信息传递的模式,信息传递的主动权逐渐地被交还给大众,人们能够随心所欲地选择寻找或传播自己所感兴趣的信息,并且有目的性地去拓展信息和主动投入网络环境进行表述。数字交互媒体的产生颠覆了传统的大众传播的集合特性,而变大众为"分众"和"小众",这一切都是由于新媒体的技术性为数字产品加注了更多的可变更因素,从而使数字产品能够为更多不同品味和需求的人提供更多的选择。传统媒体的标准化模式已经不能被这个日益增长的社会需求所认同,用户的个性化需求也与日俱增。针对这些需求,交互设计的出现无疑解决了这种繁杂且混乱的局面。交互设计的这种开放和共享、兼容的特性使得这类数字产品不再只是被软件开发商、程序设计师或代码专员所规划和操纵。交互设计能够使对个性化需求的操作界面变得越发简单易懂,每个观众都能在展厅内部享受自己独家定制的内容。

(二)异步性与全球性

传统媒体带给我们的是收听广播、收看电视节目这类信息传播途径,信息的传播都是同步性的直播或转播,听众或观众被动接收信息,一旦错过便难以弥补。而新媒体传播的信息可以被我们掌握,可以随意地在任何地点、任何时间利用网络找到我们感兴趣的内容,不再需要与世界同步接收信息,交互设计让我们可以轻松自由地去寻找而不再被安排。交互设计的全球性特征是指信息的传播范围由原先的区域性和地方性转化为世界性。由于我们的生活被互联网串联起来,世界也随着互联网的蔓延而逐步变小,交互设计的产物使得我们能够在互联网上享受到自由言论的权利。由于这种信息跨越了地方和区域的限制,也由于互联网世界各地用户量的与日俱增,信息的传播变得更加迅速,覆盖面也变得更加宽广。

(三)即时性与多样性

所谓即时性就是指人们可以在任何时间、任何地点与其他任何人进行任何形态信息的交流和沟通。人们可以通过任何一个渠道将信息和全世界在第一时间交流,而这个信息不是一个终结,而是一个开始。计算机网络用户开始传阅这些信息,并且在网上进行搜索、关注、评论等相关行为,这就使得观众不仅仅是信息的接收者,又转变成了信息的发布者,交互媒体的多样性由此显现。

(四)虚拟性

虚拟现实、增强现实、全息混合现实等新技术在展厅中的应用,已将幻想中的奇异王国呈现在我们面前,给人以触手可及之感。一方面,交互媒体能够创造出一个虚拟幻境,将难以表述的信息用虚拟手段表达,这一切将协助人们更好地认知和理解展品内容。另一方面,在学习和认知方面,很多无法真实表现和再现复原的场景或事物都可以使用交互媒体虚拟展示,从而替代以往图片和文字的展示,使人们能够更加直观地去理解和感受这些未知领域。

(五)互动性

单向传播的影像已经从我们的世界中渐渐淡出了,互动越来越受到人们的追捧。互动的形式多种多样,使得媒体终端再也不用去安排人们的参与路线,并且不再刻意设置限制,而是更多地提供多方向的路线参考。人们不再是纵向地完成浏览,而是纵横交错式地参与互动,不同的人就会有不同路线。最终结果可能已经不是沿着既定内容查看,而是观众自行寻找自己最感兴趣的内容了。这些非既定路线可能出乎布展人员的意料,却使得展馆变得更加吸引人,也使得人们对此次学习旅程的记忆更加深刻。这便是互动的优势。

(六)媒介综合性

新媒体的综合性指的是其表现形式的一种综合,在一个产品或展项上综合运用多种形式和媒介的互动体验项目。在传统的多媒体信息传递中,我们已经感受到了其丰富的特性,各个媒介交互设计的综合应用目前来看必然成为新媒体艺术发展的一大趋势。例如,声音的动态感应、动画的虚拟模仿、图像的智能识别等的综合应用,能够使这类产品和展项的表现不再单一化,进而改善人们获取信息的方式,加速提升用户和参观者体验和操作过程中的趣味性。声音和动作的识别被运用在展项中,这类交互设计使得展项也变得越发智能化,当数字产品或展项具备了人类所能运用的所有感应能力,它便化身成人与人之间最原始也最终极的交流模式,从而更轻易地拉动展品与观众心灵上的交流。

二、新媒体艺术的交互性在博物馆中的应用分析

(一)细节展示

对于细节的展示,运用交互功能的新媒体来实现是最好的方式之一。新媒体不同于普通的实物模型展示或图片展示,它相当于这两者的综合,其所需要达到的目的就是让人们更便捷又深入地了解展项内容,完成展览目的。这类需要运用新媒体进行细节展示的展项一般为展馆中无法陈列的大型机械设备,如飞机模型、汽车、火箭、坦克之类的军事器械。一是场馆的面积有限,不可能承载所有模型或实物,二是一些高精尖科技产品或历史遗迹无法真正让参观者近距离接触,对这些展品的认知光依赖文字和图片的介绍是远远不够的。这就可以利用新媒体来进行360度的呈现,并结合一些交互体验模块,从而使得体验和认知更加完善。

新媒体艺术的互动性会为观众带来前所未有的细节展示体验,甚至还能对细节进行操作与控制等。比如,可以通过增强现实或虚拟现实技术,向游客进行全面展示。

(二)大型系统

以往的艺术形式应用在博物馆中,很难展示一个大型的、复杂的系统,例如一个湿地生态系统,或者是一个火电站的运行系统,或者是铁路运行系统、城市交通系统等。虽然通过模型可以在一定程度上展示城市交通系统,但是这种物理沙盘形式的展项缺乏变化和生动的特色,无法获得令人满意的效果。然而,新媒体艺术在这方面具有显而易见的独特优势。通过虚拟大型系统的框架与细节,游客可以详细了解系统的每个部分、每个实体,甚至可以随心所欲地操作和了解系统内部的运作方式、实体功能等。且经新媒体艺术虚拟的大型系统可以为游客提供相应的操作接口,用户的操作可以影响整个系统的运行,从而达到寓教于乐的目的。

(三)抽象空间

传统的艺术形式在博物馆展示抽象空间或抽象行为时,其二维图像的表现不足以带领人们身入其境。因为抽象空间通过具象空间展示,存在一定的局限性,无法给人以身临其境的体验,而新媒体艺术天生就存在这方面的优势,因为数字技术本身就是一种抽象的技术,展示抽象空间与抽象行为是其本能之一。在数字技术中,可以营造三维空间、四维空间乃至多维空间。对事物的行为亦可进行"反常"的抽象,数字技术能够运用动画虚拟出一切抽象思维诞生的形象和内容。比如物体在太空中的动作行为、光在经过黑洞时发生的变化等等。

三、新媒体艺术的交互性在博物馆中的发展愿景

(一)交互性设计渗入博物馆存在其必然性

传统的展项设计已经在现有科学技术的光辉照耀下日渐褪去原有的光环,人们不再单纯地对图像形式的展项感兴趣,更不用提文字信息。一个快速信息交流的时代,是需要将学习、兴趣和综合能力相互综合的时代。兴趣是最好的老师。高速信息时代使得人们获取知识的耐心一步步下降,如何将娱乐性导入

知识结构中，应该是人类灵魂工程师和设计师们最大的追求。

交互技术的发展使得观众与参观对象之间的关系悄然转变，观众不再被动地接受信息，参观对象也不再只是被欣赏和被观摩，而是以一个可变的形态与观众互动。它令参观的过程变得丰富多彩，从而使参观变成时空体验和沟通交往，使交流和认知在更丰富的体验环境中得到强化。因此，交互性设计在博物馆中的存在拥有其必然的趋势。

（二）当今新媒体改变了博物馆的规划和设计方向

计算机的发展与技术更迭在展览展示领域产生了颠覆效应，特别是在大型的展示空间内表现得极为显著，传统展项的设计方式完全被取代。

以往展览规划和设计要考虑很多物理因素，比如场地和空间上的限制，细节展示上的限制，开放性展项的限制，等等。实物是展项的主要载体，其次是以图片和模型做辅助说明。而新媒体可以完全摆脱这些外在的束缚，也就可以更加肆意地去规划、设计场馆和展项内容。因为新媒体的非物质性可以将这些内容虚拟化呈现在人们面前，它能够替代大量实物展示，还能还原场景，并填补一些实物空缺等，这就大大地节省了空间、材料、人力、运输等资源。它还能够在有限的空间内营造和变化出不同的空间效果，让人们在有限的空间里获得无限的体验。所以说，新媒体改变了博物馆的规划和设计方向。

（三）科技的进步是新媒体进一步渗入博物馆的重要条件

新媒体依靠技术而生，没有科学技术的进步，新媒体的应用领域也绝不会轻易涉及博物馆空间。新媒体技术是新媒体的承载，它包括硬件和软件两个方面。在硬件方面，传感技术——触觉、声音、光、动态、视觉、温度、识别等感应技术的应用使得人与机器之间的交流更多元化了；投影技术——360度环幕、球幕、雾幕、魔幻玻璃、LED屏、激光、全息、空间立体成像、多维影院、虚拟现实、增强现实、混合现实等令观者如身临其境。在软件方面，程序编码、音频技术、视频技术、图像技术、通信技术和跟踪技术的发展也给新媒体注入了新鲜的血液。在国外一些大学里，新媒体艺术被设置成艺术与科学专业，在展项的创意设计完成后，展项能否顺利实现，是否能够达到预期效果，都需要技术的论证，所以，大型展示中新媒体艺术的表现方式不仅是对艺术创意设计的挑战,同样也是对科技的挑战。

四、结语

无论何种展示手段,都旨在将需要向大众传播的信息利用有效手段让观众接收。传统的被动接收和现在的主动接收,区别更多地在于,传播信息的广谱度,以及如何在观众参观展品之后,让展品在完成了本身信息传达的前提下趋于丰富多元化。观众在获得信息输入的同时也具备信息输出功能。信息和知识点的不断更新,使得展馆常展常新,吸引观众再次到来,并且移动互联网大数据采集的观众信息,能够帮助博物馆展览日趋自我完善,实现博物馆展览、教育、研究一体化。

参考文献

[1] 刘惠芬.数字媒体——技术·应用·设计[M].2版.北京:清华大学出版社,2008.

[2] 同济新媒体艺术国际中心.大型展示中的新媒体艺术——上海世博会主题馆之"城市足迹馆"研究[M].上海:同济大学出版社,2010.

[3] 王峰.新技术背景下的公共艺术互动探究[J].南京艺术学院学报(美术与设计版),2010(1):146-148,43.

[4] 熊雯婧.基于数字媒体艺术的发展探讨[J].湖北广播电视大学学报,2009,29(7):86.

[5] 毛加农.数字媒体艺术[J].江西社会科学,2003(10):243-244.

[6] 朱润.数字媒体艺术的表现特性研究[D].济南:山东师范大学,2009.

[7] 杨虹.数字媒体艺术的呈现浅析[J].电影评介,2010(3):80-81.

[8] 邱枫.新媒体艺术的交互性研究[D].武汉:武汉理工大学,2008.

[9] 张燕燕,王秀峰.新媒体艺术的发展对艺术设计的影响[J].电影评介,2010(2):82.

[10] 王萱.科学与艺术的交融——日本新媒体艺术发展研究[D].开封:河南大学,2008.

博物馆展陈空间设计实践探析

——以中国湿地博物馆专题展览为例

李 明

（中国湿地博物馆）

【摘　要】近年来，随着文博事业的发展，博物馆在社会中的角色也在发生变化。现代意义上的博物馆已经不只是收藏和科研的中心，更是公众进行文化交流、接受教育的场所。展览是博物馆发挥科普教育职能的一个重要手段。展览效果的好坏很大程度上由展陈设计所决定。展陈设计包含的内容很多，本文从展陈空间设计的角度出发，结合中国湿地博物馆专题展览实例，从展陈空间规划、展陈流线设计、展品陈列空间三个主要方面，阐述了在做展览展陈空间设计时应遵循的原则和基本要求。

【关键词】博物馆　展览　展陈空间　设计

博物馆是指以教育、研究和欣赏为目的，收藏、保护并向公众展示人类活动和自然环境的见证物，经登记管理机关依法登记的非营利组织。在一定意义上，博物馆是一个国家经济发展水平、社会文明程度的重要标志，它对提高国民文化素质，促进国家科学技术发展起着积极的推动作用。

举办科普展览是博物馆的一项重要工作，是博物馆实现、发挥科普教育职能的重要手段。通过科学的展陈设计将馆藏物品和研究成果向公众展示，能起到科普、传播知识的作用。博物馆展览可以分为常设展览和专题展览。常设展览是博物馆展览教育的主要内容，也是博物馆进行公众科普教育的重要形式。而专题展览以其主题鲜明、展示灵活、定期更换等特点，成为博物馆持续吸引公众的有效手段。作为常设展览的有益补充,专题展览是一个博物馆可持续发展的关键和重点。

博物馆展览效果的好坏,取决于展陈设计的成功与否。成功的展陈设计能够将博物馆的空间与地方合理融合与规划,在人与人、人与物、物与物之间创造出一个彼此交往的空间环境结构。博物馆展陈设计要考虑到的因素很多,本文结合中国湿地博物馆专题展览实例,主要探讨展陈空间设计在展览中的运用。

一、中国湿地博物馆专题展厅概况

中国湿地博物馆位于浙江省杭州市西溪国家湿地公园外围,是全国首个以湿地为主题,集收藏、研究、展示、教育、娱乐于一体的国家级专业性博物馆。整个博物馆通过典型湿地的场景复原、多媒体互动和图文展示等方式展现湿地之美,普及湿地知识,从而增强观众的湿地保护意识。

博物馆专题展厅位于三楼,展示面积500平方米,高3.5米,属于长方形专业展厅。吊顶采用黑色铝格栅,墙面覆盖米色麻布,展厅装有可移动隔断和挂画线槽,可做专业书画展厅,也可将隔断移开做器物标本展。此展厅的优点在于空间规整,有利于实现空间利用率最大化,以及展览形式的丰富性。缺点在于展厅层高较低,过高的展品无法展示。另外,由于位于三楼,虽然装有卸货电梯,但也对搬运展品和布展工作产生了一定的影响。这两点其他博物馆在建筑设计时可以提前考虑避免。

二、展陈空间规划设计

博物馆展陈设计的根本目的是让参观者在有限的时空中最有效地接收展览展陈所要传达的主体信息,合理的展陈空间规划设计是其中至关重要的一部分。展陈空间规划设计以满足展陈主题为前提,所有的展陈手段和语言都是对展陈内容的宣传和衬托。展陈空间规划设计需要遵循以下几个原则。

(一)合理确定参观游线

展陈空间的最大特点是具有很强的流动性,参观者在其中是处于参观运动的状态,在运动中体验并获得最终的空间感受。因此在规划设计时,要以最合理的方法安排参观者的参观游线,使参观者尽可能少走或不走重复路线。

(二)以最有效的空间为主,突出展陈内容

在展厅空间平面划分上,应尽量避免作用力的平均化使用,重点突出,以点带面,依据展陈内容做到主从分明,分合有序,分区有度,形成一定的展示结构和展线构成。展厅设置适当的视觉中心,提升观众兴奋点,使之留下较深印象。

(三)注意协调总体与局部的空间关系

展陈空间格局包含嵌套、交叠、连续、邻接、分离等多种设定方法,可根据具体场地与预算等基本条件,综合运用各种格局设定方法,在坚持总体设计风格、突出展陈主题的前提下,进行各功能空间的格局设定,做到分布合理有序,连接清晰流畅,总体与局部和谐统一。

(四)注重展陈空间的安全性、可靠性及辅助设施空间

空间规划要考虑参观者的安全、方便,保留必要的消防疏散通道、应急指示标志、应急照明、灭火系统等,同时要考虑参观者的通行、休息等要求。另外,展览中需要用到的辅助设施设备、仪器、机械装置等,都需要预留空间。

中国湿地博物馆 2014 年举办的"碧海遗琼·奇古绛树——珊瑚文化展"在展陈空间规划时依据展览文本,运用空间邻接的设定方法将展厅分成三个展览区域(图 1):"珊瑚的生物学知识""珊瑚标本区""珊瑚文化"。三个区域紧密相连却又有明确界限,展览流线安排流畅,让观众在参观完第一展区对珊瑚知识有了直观了解后再深入整个展览的重点——珊瑚标本区。在珊瑚标本区扩大展线,增大信息量,拓展空间,在主流线的基础上又分门别类,设定小流线,引导游客仔细观看展示标本,运用嵌套、连续的空间设定方法使整个区域和谐统一(图 2)。在展厅的出入口安排场景复原的展示形式,模拟海底珊瑚洞的场景(图 3),虽然占据了大量展示空间,但是可以增加展览亮点,突出观众的真实体验,激发观众的探知欲,引导观众逐一了解展陈信息的具体内容。

图 1 "碧海遗琼·奇古绛树——珊瑚文化展"的三个展览区域

图 2 "碧海遗琼·奇古绛树——珊瑚文化展"的珊瑚标本区

图3 "碧海遗琼·奇古绛树——珊瑚文化展"展厅出入口模拟海底珊瑚洞

在进行空间规划时，还可以充分利用场地做到展示空间延伸，比如向展厅室外、空中延伸，有效实现展览空间的扩大。如在"一代伟人——毛泽东主题艺术品展"中，利用展厅入口的外墙面，设计展览的主题及背景，有效扩大了展览的空间，同时可以吸引展厅外游客进场参观。

三、展陈流线设计

展陈流线是联系展览单元空间关系的纽带。它根据人的行为方式把一定的空间组织起来，通过流线设计分隔空间，不同的展示空间要求有不同的流线设计来衔接。流线设计需要针对展示内容，围绕展示主题对空间进行分析，将展陈流线问题与展示内容结合起来考虑，进而进行流线的合理选择和安排。在注重整体流线自然顺畅的同时，还需要考虑参观者的心理感受，使展示流线的长度、转折角度与人体尺度之间有恰当的配合，使空间各部分的比例尺度与人们在空间中行动和感知的方式配合得适宜、协调，这是最基本的流线设计要求。展陈流线一般有以下几种形式。

(一)单一的贯通流线形式

此种流线形式由一条预先设定的展览路线构成,其导向性和展览有效性较高,避免了观众因展览流线过多造成的混乱、不知所措、信息遗漏等状况,能够最大限度地保证展示的绝大多数展品进入参观人群的视线。此种流线形式适用于展陈空间较小或展示物品单一的情形。图 4 为"健康湿地·有机生活——有机生活展"的长廊展区,利用博物馆建筑空间特点,在一楼至三楼完全连接的回旋长廊上利用图板展出绿色食品、无公害食品、有机食品的相关知识,观众可以通过长廊参观整个展览。

图 4 "健康湿地·有机生活——有机生活展"长廊展区

(二)一条主线贯穿,多条辅助流线结合的流线形式

这种流线形式在保证导向性和展览有效性的同时,可以针对特定的展示要求(如重点器物、不同参观人群等)进行流线上的特殊安排。观众除了可以按照主线路参观外,还可以根据自己的喜好选择多条辅助流线有选择地参观。此流线形式可以分散人流,避免人流过于集中造成拥堵现象。此流线形式适用于展

览内容丰富、空间较大的展厅。图 5 为"清幽湿地·圣洁仙子——中国荷文化展"的流线设计,展陈在第二部分将"荷花与绘画"展区设置成主要展示区块,利用两条流线将观众向两侧引导,观众可选择参观"荷花与工艺"内容,可以有效避免人流拥挤,让观众选择参观自己感兴趣的展品。

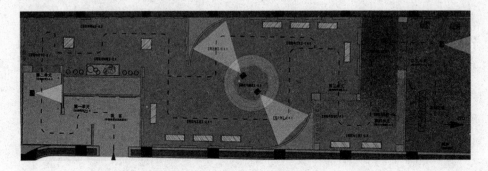

图 5 "清幽湿地·圣洁仙子——中国荷文化展"的流线设计

(三)走道式的流线形式

此种流线形式的各展陈空间没有明显的联通关系,借助走道来贯穿。这种形式既可以保证各个空间的独立性,又通过走道使它们保持着必要的功能联系。观众可根据自己的兴趣爱好有选择地参观,同时可避免展线拥挤现象。此流线形式适用于书画展、展销会等情况,如图 6。

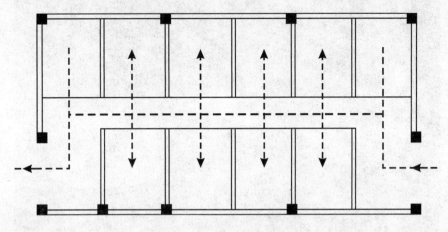

图 6 走道式流线形式示意图

四、展品陈列空间设计

展品陈列空间设计是在陈列空间范围内，通过艺术化的设计对博物馆的馆藏文物、各种标本等进行科学合理的组合，在给社会大众提供欣赏价值的同时，让这些陈列品能够展示社会发展过程中的某些规律。陈列空间设计需要从陈列主题出发，对展品进行宏观构思，从总体上确定展览的陈列风格，然后利用艺术手段和现代科技手段对展品进行有序展示。陈列空间设计要注意以下几个方面。

(一)确定适合的陈列展示方案

展览内容不同，陈列空间的设置也不同。一般陈列空间可以分为综合类、艺术类、历史类等，不同的陈列空间其设计方案也应不同。例如，综合类陈列空间需要综合考虑自由和多样性结合的原则，围绕一定的展览主题综合陈列，图 7 为"自然结晶·湿地之魂——矿物精品展"的陈列空间。

图 7 "自然结晶·湿地之魂——矿物精品展"

对于艺术类的陈列空间,由于展品一般为书画作品或者工艺美术品,在设计时需要考虑它们各自的独立性,同时又需要给观众营造一种全方位的视觉体验,因此会利用隔断或者展柜展示。图8为"微观湿界·石上华章——李浩微雕艺术展"陈列。

图8 "微观湿界·石上华章——李浩微雕艺术展"

(二)确定陈列空间的展品密度

展品密度有两种情况:低密度和高密度。这两种陈列方式各有优缺点,需要结合展品及希望达到的展示效果综合考虑。低密度陈列可以提供便于形式设计的宽松、灵活的空间,更倾向于强调展览设计艺术的表达,更容易做到展览主题清晰、重点突出,同时由于展品数量有限,观众在首次参观时会被整体的展览效果所震撼,但是多次参观后会兴趣寡然,感觉展览缺乏充实感。高密度陈列在展览形式设计上具有一定的局限性,主题提炼上倾向于将主动权归还给观众,由观众对展品自身个性和特点进行比较思考,归纳出展览规律性的认识。但是由于展品数量众多,观众可能会茫然无措,感觉展览杂乱无章,没有头绪。目前国内博物馆的展览一般偏向于低密度陈列,而国外的展览以高密度陈列居多。图9"一代伟人——毛泽东主题艺术品展"在展墙上对毛泽东像章进行密集排列展示,可以给观众一种目不暇接、不能自拔的强烈刺激,观众可以仔细观察不同时期毛泽东像章的细微区别,从而体会到展品背后隐藏的历史意义。

图9 "一代伟人——毛泽东主题艺术品展"

(三)善于挖掘多元化体验

博物馆陈列空间的展示设计要充分秉承与时俱进的选择。展览在给观众提供视觉参与的同时,一方面可以考虑加入其他感官体验,比如在做动物标本展示时播放动物的叫声作为展览背景,在做植物展时释放森林气味的香氛,使观众在听觉、嗅觉方面也可以沉浸在整个展览当中。另一方面也应注重将现代信息技术融入整个展览内容,比如可以将展品的说明文字通过手机 APP 或者微信变成声音讲解,取代传统的说明牌文字叙述,观众可以一边参观一边听到对展品的讲解,消除观众的视觉疲劳,提高观众的参观兴趣。

(四)充分考虑与参观者的互动

展览与参观者之间要形成有效的互动,才能充分体现教育和传播的功能,这也是博物馆提高其对参观者吸引力的重要途径。图 10 的"湿地精灵·蝶影缤纷——蝴蝶文化展"利用蝴蝶遇到危险时不断扇动翅膀干扰天敌视线的原理,设置了玩陀螺互动项目。图 11 为以卡通蝴蝶造型为基础设置的儿童拍照区。

图 10　"湿地精灵·蝶影缤纷——蝴蝶文化展"

图 11　"湿地精灵·蝶影缤纷——蝴蝶文化展"儿童拍照区

(五)注重陈列空间氛围的营造

陈列空间氛围的营造离不开空间光效。因此,在进行空间设计时要明确不同展品对灯光的不同要求,既要考虑整体空间的照明值,又要考虑不同展品的特点,确定不同展品的合适照度。要保证展品照度的均匀度,特别是在利用天然采光时,要进行遮阳设计,并合理利用光的反射作用,让不同位置的作品能够获得较为均匀的照度。要注意主空间亮度和辅助空间亮度的对比。对主展品区,要降低其辅助空间的亮度,以便凸显展示区。

五、结语

博物馆展陈设计是一个独特的设计领域,为了能充分发挥博物馆的功能以及满足人们对历史文化的需求,博物馆的展陈设计发挥着重要的作用。随着社会的发展、科技的进步,人文思想逐渐被提到首要的地位,博物馆设计中也确立了"以人为本"的陈列思想,改变了初级阶段的"器物型"陈列而更注重"人"的因素。强调一切为"人"服务,为社会发展服务的宗旨,预示着博物馆在现代社会发展的方向。当下,博物馆展陈设计更注重观众的心理,在展示过程中更加强调展品与参与者之间的互动,增强陈列的亲和性,拉近与观众的心理距离,这也正是我们所提倡的"给予普通观众优先的地位",也是我们每一位策展人应遵循的依据。

参考文献

[1] 陈倩. 现代文博馆展陈空间设计的方法探究[D]. 武汉:武汉理工大学,2013.

[2] 冯泰林. 博物馆展陈设计的形式与空间布局研究[J]. 中华民居(下旬刊),2014(2):35.

[3] 李征. 浅谈空间设计在博物馆陈列区中的应用[J]. 青年时代,2014(22):62-65.

浅析博物馆陈列展览技术的应用

——以中国湿地博物馆为例

郑为贵

（中国湿地博物馆）

【摘　要】陈列展览是博物馆工作的重要组成部分，是体现博物馆展览成效的关键环节。创新设计，使博物馆陈列展览更加生动且富有特色，是现代博物馆的共同目标。本文以中国湿地博物馆为例，重点分析其陈列布展所采用的主题制展览设计，以及多媒体技术的成功应用。

【关键词】陈列展览　主题制　多媒体技术

一、引言

中国湿地博物馆在建馆陈列布展设计阶段就面临着馆藏展品不足、湿地知识专业性强和内容枯燥等多方面挑战，如果继续采用博物馆历来沿用的"通柜、实物加说明牌"的陈列展示手段，其结果必然是展品实物不及历史博物馆多、内容说明不及综合类自然博物馆精彩，最终布展效果缺乏亮点。为了扭转这一不利局面，中国湿地博物馆在陈列布展时创新采用了主题制展览框架，辅以多媒体技术的巧妙应用，有效地弥补了馆藏展品的不足和湿地专业知识内容的单调枯燥，用湿地复原场景和多媒体技术将深奥的科学道理转化为生动的故事，寓教于乐。

二、主题制展览

博物馆陈列展览设计工作首先要考虑的就是采用什么样的体系和架构来组织实施陈列布展。目前博物馆采用的主要有年代制、事件制、主题制等。一个最佳的展览架构可以为后续开展的内容和形式设计奠定良好的基础。相比其他架构(如学科制、年代制等),主题制的展览在中国湿地博物馆中的应用具有更加形象直观,更能引起观众共鸣,更能突出亮点等优势,且能弥补馆藏展品不足。那么什么是主题制呢? 主题制其实就是我国博物馆专家甄朔南先生提出的主题单元陈列。他认为:"主题单元陈列主要是指在设计陈列时主题要突出,观点要鲜明,即设计者要非常明确展出的根本目的是什么,要向观众交代什么观点。"主题单位陈列的特点之一,"就是摒弃传统上以严格的学科为陈列主题的观念(如我国许多自然历史博物馆的陈列都分为动物、植物、古生物、人类等),要采取多学科的综合表现形式。这样才能更接近自然的真实和人类生活的真实"[1]。

中国湿地博物馆在各个主题展厅中大量采用场景复原、对比、生态等多种手段进行主题制展示,生动活泼,将深奥的湿地知识转化为通俗易懂的故事,寓教于乐,不仅介绍了湿地的相关知识,还重点突出了人类活动与湿地保护的关系,引起观众共鸣。主题制展览的遴选过程就是寻找观众兴奋点的过程,更能突出展示主题的深刻意义。中国湿地厅逼真复原湿地景观,每个景观以亚克力池场景为主体,结合使用易于维护的活体鱼类、人造景观、背景壁画、独立标本展架等展陈形式,并配以互动多媒体演示平台、探索平台和红外触控观景台。在此,观众可以形象地认知红树林湿地特有的泌盐和植物胎生现象,了解三江平原从"北大荒"变身"北大仓"的历史,以及候鸟迁徙的习性、人工湿地与自然湿地间的不同风景等。复原景观真实地讲述中国湿地的传奇故事,观众在被中国湿地的多样性所震撼的同时兴奋不已。图1展示的是崇明东滩场景展示全貌。

图 1　中国湿地厅崇明东滩景观效果

三、多媒体技术

尽管多媒体技术在博物馆展示中可发挥巨大作用,但目前我国科普场馆的多媒体技术的应用却不甚理想,甚至存在粗制滥用的现象,主要表现在:多媒体展项的引入缺乏明确的传播目的;媒体手段与展示内容契合度不够,重技术、轻内容;多媒体技术运用的对象和场合不当,生搬硬套技术;展项的可操作性差;多媒体技术和设备的稳定性差,维护更新不便;等等。究其原因,不在于技术本身,而在于展览设计师未能充分做好前期规划,未能恰到好处地使用好该技术。[2]

(一)前期规划

中国湿地博物馆的多媒体技术应用在坚持一切从展品出发、以观众为中心、为展示效果确立目标和在技术上保持前瞻性的原则下,综合分析了项目预算、可行性分析、场景设计和内容设计等因素,使多媒体技术完美地融合到整个陈列布展中,达到"隐身其中,画龙点睛"之效。

1. 项目预算

预算直接决定设备的选型和方案的制定,也直接影响后期的装修设计和布展设计。例如要设计一个多媒体触摸互动展项,如果预算充足的话,可以考虑设计成异型多点触控展项,可以更好地融入整个场景或布展,如果预算不足的话可以考虑采用规则形状的单点触控展项。

2. 可行性分析

根据预算选择好相应的多媒体展示方案后,必须结合现场布展环境认真仔细对选择的多媒体展示方案可行性进行分析、论证,确保其可以达到预期设计的展示效果。因为可行性分析需要考虑的因素因使用的设备不同而不同,这里不可能把所有的设备可行性分析——列举,仅以投影设备和音频设备的可行性分析为例介绍一下。如果该多媒体展项用到投影设备,那就需要考虑其投影距离及投影流明等因素以达到良好的投影视觉效果;如果用到音频设备,那就需要考虑建声设计以达到良好的声学效果,避免声音污染。建声设计必须要考虑的两个因素是装修设计和音频设备选型,装修的结构和材料直接影响声场的均匀度和反射等一系列问题,音频设备的选项要在预算可控的前提下尽量满足建声设计的参数要求。

3. 场景设计

场景设计要在突出展示主题的前提下充分考虑到多媒体展览的设计,使两者完美融合,而不是生硬地结合在一起,以达到良好的展览效果。很多博物馆展览中的多媒体展览设计方案虽然很好,使用的设备也很先进,但多媒体设备的安装位置给人的感觉是有点破坏了整体的展览效果,主要原因就在于场景设计这一环节没有很好地考虑。因为场景设计需要考虑的因素因使用的设备不同而不同,下面还是以投影设备和音频设备为例来介绍。场景设计过程中要在突出展览主题和多媒体展览可行的前提下尽量隐藏投影设备和音频设备,使其融入场景之中,给观众以"只闻其声,不见音响;只观其影,不见投影"的听觉和视觉效果。当然这里还有一点值得注意的就是多媒体展览融入场景固然是好,但过于融入场景可能会给后期的设备检修带来不便,所以在场景设计中要考虑在不破坏整体展示效果的前提下尽量预留相应的设备检修口,以便日后维护。

4.内容设计

内容设计是多媒体展项设计和制作的核心,多媒体展览内容设计要符合整体的展览设计风格,如果场景复原展示的是复古的风格,那展览内容的形式就要设计成古朴的风格;如果场景复原展示的是现代的风格,那展览内容的形式就要采用现代的风格,以便二者协调统一。此外还应注重对色调、灯光等因素的刻意控制,以便更好地表现展示主题。

(二)案例介绍

下面以中国湿地博物馆湿地与人类厅为例简单介绍其多媒体技术的运用。湿地与人类厅见图 2 所示,整体展厅布局如同一只手掌托起整个地球,屋顶装饰又形象地设计成"眼睛",既巧妙地避开了建筑结构的限制,又寓义深刻地告诉观众人类行为决定着湿地生态的命运。参观者在这里可以了解到全球湿地概况,湿地的生态功能与社会价值,湿地面临的威胁,以及全球为保护湿地做出的努力。直径 3 米的互动数字地球流光溢彩,仿佛悬浮于展厅中央,成为展示全球湿地分布的标志性景观。观众通过地球四周的触摸屏装置观看重要湿地的视频影像,并可查询湿地类型、气候、植被密度等相关信息。展厅左侧的蚀刻玻璃版面以暗色调图像表现全球湿地面临的危机,观众通过互动多媒体装置可以深入了解湿地被破坏的人为原因。大型视频正投和多点触控游戏台等装置有机结合,充分展示湿地的各种生态功能和社会效益,将抽象的科学原理演绎为生动形象的展示语言,达到了寓教于乐的效果。观众可以利用互动投票墙来学习《湿地公约》中湿地合理利用的原则。展墙上的视频投影分别展示湿地保护利用的多种方案,观众可以站在相应的感应地面上进行投票,人数较多的观众群体将在方案投票中胜出,随后墙面上会播放视频影像,显示实施该方案对湿地造成的影响。

"湿地与我互动"品质影院大型屏幕上播放的是普通民众饮食起居的画面,当观众靠近屏幕时,影像捕捉技术的运用使观众身体轮廓融入影视画面,形成一个小型的播放窗口,展现出与主画面相关的湿地活动,让其对湿地与人类的互动关系产生初步的认识,如图 3 所示。

图 2　湿地与人类厅

图 3　"湿地与我互动"品质影院

四、结论

随着科技的不断进步,以及我国博物馆事业的蓬勃发展,越来越多的新理论和新技术必将越来越广泛地应用到博物馆陈列展览中。因此,我们有必要加强对陈列展览技术的研究,探索和总结该技术在博物馆陈列展览中应用的基本规律,形成一套行之有效的参考标准,力求发挥其对博物馆陈列展览的推进作用。

参考文献

[1] 甄朔南.甄朔南博物馆学文集[G].北京:中国大百科全书出版社,2004.

[2] 郑奕.多媒体技术在博物馆展示中的应用及规划要求[J].国际博物馆,2008(特刊):136-138.

互联网时代下中国博物馆
在线数据库的建设现状及策略

于奇赫

（上海大学美术学院）

【摘　要】当今世界，博物馆已进入大数据时代，向数字化博物馆方向迈进。但是我国博物馆目前网站在线数据库中的数据依然很少，使用不便。调查采用定量分析法，选取在线数据库，以其数据信息数量、有无检索及检索条件、文字描述、图片清晰度及细节、有无水印为指标，对 30 家大型博物院及博物馆进行开放藏品数字化的量化。通过对数据结果的分析，发现和总结我国博物馆在线数据库建设目前存在的问题，并介绍了国外相关机构对网站在线数据库的开放程度与发展水平，寻找与世界各大博物馆藏品信息化建设的差距，通过对比进一步探讨在线数据库建设的对策。

【关键词】博物馆　在线数据库　互联网　藏品数字化

随着全球信息时代数字化与网络化的高速发展，博物馆也依托先进的科学技术，利用各类新媒体平台宣传自己。互联网自由和开放的精神打破了博物馆的高墙壁垒，让博物馆由过去的以保存文物为主的职责逐渐转向对社会教育的关注，并且利用互联网对自己的服务进行创新。博物馆的官方网站是其线上运营的平台，过去博物馆网站只是简单地宣传最新的展览，介绍博物馆概况，电子文献资源与馆内藏品信息极少；但伴随着各个国家跨文化的研究与研究模型和方法的迁移，世界各大博物馆都在进行其藏品的信息化及其网站的在线数据库建设，最大限度地共享馆藏资源的信息。人们参观博物馆时不再受到地域与时间的制约,可以随时随地用互联网在网上浏览、下载藏品的图片,相关学科的研究人员也可以快速、准确地获取自己所需要的信息,或是浏览在线图片寻找新的研究课题,进行相关学科的交叉研究。这样,博物馆开始逐渐从实体走向虚拟,从"线下"走到"线上",在大数据时代重新寻找自己的定位。国际博物馆协会在 2007 年将博物馆的定义修改为:"博物馆是一个非营利的、为社会发展服务的永久性机构。为教育、研究、欣赏的目的征集、保护、研究、传播并展示人文环境及遗产而开放。"①在新的博物馆定义中,非营利、为社会服务被放在首位,其次是开放,再次才是收集、展示、研究等职能。所以当今世界的博物馆正在向智慧博物馆的方向迈进,服务社会与开放是当今博物馆的主题。

一、中国博物馆藏品在线数据库建设的现状

我国博物馆行业的藏品数字信息化建设起步较晚,但近十年来发展较快。以数字化技术为依托的"第四媒体"已成为当今社会不可抗拒的技术力量②,这一变革使得我国博物馆的信息共享模式发生了深刻的变化,让博物馆更加关注自身藏品的数字信息化建设。20 世纪 90 年代,我国博物馆逐步走入电子化管理,用计算机电子文本文档进行藏品的录入与整理,开发了专业软件来录入数据。为了促进我国博物馆更好地加强对文物的保护与藏品的管理、统计,2001 年由财政部和国家文物局联合启动了"文物调查及数据库管理系统建设"项目,以信息网络技术,通过对文物信息的数字化采集,建立动态管理系统,提升文物的保护、利用和管理水平。③ 这一项目的开展极大地促进了我国博物馆藏品的信息化,将新的管理理念与高科技技术、设备引入博物馆,提高了馆藏文物的管理和利用水平,取得了很大的成绩。2004 年中国文物信息咨询中心联合有关单位,研制开发了"馆藏文物信息管理系统软件"与"省级馆藏文物数据管理系统软件",在部分博物馆设点并取得了一定的效果。但是馆藏文物信息采集工作结束了,馆藏却在不断地增加,品类也不断地增多,这套软件也不再被工作人员

---

① 翻译自 http://icom.museum/the-vision/museum-definition。

② 欧阳有权:《网络时代的人文反思》,《人民政协报》2009 年 1 月 5 日,第 C4 版。

③ 蔡亚霞:《从文物调查及数据库管理系统建设项目看博物馆藏品账册的规范管理》,《大众文艺》2011 年第 12 期,第 222 页。

所重视,其中的设计缺陷与部分操作并没有进行升级、更新、完善,没有发挥其应有的价值。博物馆的在线数据库指的是一个为人们提供专业的数据库支持的博物馆官方网站的网站模块。博物馆将采集完毕的数据制作为数据库,放在服务器上,可供互联网用户全天候、不间断地访问。博物馆要进行藏品在线数据库建设主要基于以下四点原因。

第一,受到展览场地与陈列条件的限制,博物馆只能选取馆藏文物中最具代表性的部分文物组成系列展览用于陈列展示。像故宫博物院是拥有 180 余万件文物、78 万平方米明清古建筑的国家级重点博物馆单位,但也只有 8 个固定展馆和几个临时展馆用于展示,展示文物不到故宫藏品总量的 0.5%。中国国家博物馆的改造于 2010 年完成,建成后的国家博物馆新馆建筑面积 19.8 万平方米,其中展厅建筑面积近 7 万平方米,共有 48 个展厅,最小的 1100 平方米,最大的近 3000 平方米。① 但是如此宽敞的展厅内,所陈列的文物也不到国家博物馆藏品总量的 0.5%。且博物馆的展览多为长期陈列展览,展品更新时间慢,所以有相当大的一部分文物深藏库房,鲜为人知。

第二,我国博物馆库房中的文物,主要通过博物馆出版的画册、学术期刊和馆内研究员的相关研究成果等出版物与公众见面。但是博物馆出版的期刊、画册的受众较少,并且因传统纸质媒介的衰落,影响范围有限。而且用铜版纸等纸张印刷而成的文物图册价值不菲,加之纸张克数与尺寸较大,不便于经常翻阅。有时候研究人员只需要画册中的某一张或某几张文物的图片,或者是某一个图案、纹样,也可能需要其他角度的细节,所以这种图册不太适合研究人员使用,无法满足他们的研究需求。

第三,根据“全国馆藏文物腐蚀损失调查”显示,目前我国 3200 余座国有博物馆中,有近 50.66% 的馆藏文物存在不同程度的腐蚀损害,重度以上腐蚀的馆藏文物达 230 多万件,占被腐蚀文物的 16.5%。② 文物对库房的保存环境、温度、湿度都有很高的要求。一旦发生青铜器的粉锈、书画霉变等化学反应,会对文物产生不可逆转的损坏,不论怎样修复都难以达到文物制作的水平,并且部分损伤还具有“传染性”。加上博物馆用于文物保护的运行经费严重不足与我

---

① 李守义:《中国国家博物馆馆舍变迁史略》,《中国国家博物馆馆刊》2012 年第 12 期,第 144 页。
② 李曼、刘文科:《救治患病文物的医院——文物保护实验室》,《大众考古》2014 年第 8 期,第 61—63 页。

国目前文物保护修复科技人才的极度缺乏,还会出现一些人为因素导致文物的损伤。文物的损伤是一种巨大的难以挽回的损失,所以文物的数字化工作至关重要。

第四,我国的博物馆基本上都拥有了馆内文物藏品信息的数据库,但是对于相关专业领域的研究人员、高校师生与博物馆爱好者来说,想要从博物馆获取准确的藏品信息还是一件很困难的事情。博物馆的文物藏品库房很难调取观看,基于局域网的藏品数据库从博物馆外部网络也无法进入。这就导致了相关领域研究人员难以获得大量准确、可靠的一手资料,无法在大量资料的基础上总结,进而发现新的问题。甚至目前有的研究课题已经结项,相关成果已经公布或者出版,但随着博物馆馆藏文物信息的进一步披露,也会对已经得出的结论产生一定的影响。

目前我国博物馆数字化建设还处于起步状态,发展水平极不平衡。为了调查我国目前大型博物馆网站的藏品在线数据库建设情况,笔者从我国现有的 96 家全国一级博物馆中选取中国国家博物馆、故宫博物院、南京博物院和 27 家以省份命名的博物馆与博物院①,共计 30 家以展示、陈列与研究中国历史为主的博物馆机构的官方网站进行调查。选取在线数据库数据信息数量、检索条件、藏品网上分类、文字描述、详细信息、细节展示、图片质量和有无水印 8 个指标作为量化的依据,进行在线开放藏品数字化程度的计算、统计和比较,统计结果如表 1②。

---

① 由于在统计数据时黑龙江省博物馆的官方网站还没有投入使用,无法通过网络获取网站数据库建设数据,因此未列入本次调查样本。

② 本次数据统计的数据来源、指标量化说明如下:(1)本次在线数据库数据统计不包括自然标本、在线 3D 资料及重复展示资料;故宫博物院在线数据库统计资料包括院藏古籍善本资料,但不包括清宫建筑数据资料。在线开放藏品数字化率保留两位小数。(2)馆藏藏品数量来源于最新的博物馆官方主页公布资料、期刊收录资料及电话咨询,无精确统计的馆藏数字以最大整数计算,不考虑文物的腐蚀情况及近几年的调拨及捐赠情况。统计时间截止到 2015 年 10 月 15 日 24 时。(3)图片质量指人们对一幅图像视觉感受的主观评价。人眼能清晰地分辨图像中的事物,对图像中前景和背景、物体的轮廓、纹理等等能较好地区分。视频图像质量主观评价等级采用三级评分制:高、中和低。(4)检索分类细致程度是指达到八项分类或根据馆藏实际情况进行分类。(5)不影响文物本身观察的水印被认为是无水印。

表1 博物馆网站在线数据库建设情况一览表

	在线数据库量化指标 文博单位名称（排名不分先后）	馆藏数量	在线展品数量	图片质量	文字描述	详细信息	细节展示	检索分类	开放程度	有无水印	有无检索
1	故宫博物院	1807558万件(组)	8143件(组)	高	有	有	有	细致分类	0.45%	无	有
2	中国国家博物馆	120万余件(组)	5225件(组)	高	有	有	有	细致分类	0.44%	有	有
3	首都博物馆	25万余件(组)	415件(组)	低	有	有	无	一般分类	0.17%	无	无
4	天津博物馆	20万余件(组)	106件(组)	中	有	有	有	一般分类	0.05%	无	无
5	河北博物院	15万余件(组)	61件(组)	低	有	有	无	一般分类	0.04%	无	无
6	山西博物院	40万余件(组)	287件(组)	中	有	有	无	一般分类	0.07%	无	有
7	内蒙古博物院	10万余件(组)	53件(组)	中	有	有	无	无	0.05%	无	无
8	辽宁省博物馆	12万余件(组)	231件(组)	中	有	有	无	细致分类	0.19%	无	有
9	吉林省博物院	10万余件(组)	30件(组)	高	有	有	有	一般分类	0.03%	无	无
10	上海博物馆	12万余件(组)	787件(组)	高	有	有	有	细致分类	0.66%	无	有
11	南京博物院	42万余件(组)	334件(组)	中	有	有	无	细致分类	0.08%	无	有
12	浙江省博物馆	10万余件(组)	962件(组)	高	有	有	无	无	0.96%	无	有
13	安徽省博物院	22万余件(组)	210件(组)	低	有	有	无	细致分类	0.10%	无	无
14	福建博物院	6万余件(组)	26件(组)	高	有	有	无	无	0.02%	无	无
15	江西省博物馆	3.4万余件(组)	77件(组)	低	无	无	无	无	0.23%	无	无
16	山东省博物馆	14万余件(组)	425件(组)	低	有	有	无	一般分类	0.30%	有	无

续　表

文博单位名称（排名不分先后）	馆藏数量	在线展品数量	图片质量	文字描述	详细信息	细节展示	检索分类	开放程度	有无水印	有无检索
17　河南博物院	14万余件（组）	135件（组）	低	无	有	无	一般分类	0.10%	无	无
18　湖北省博物馆	20万余件（组）	87件（组）	高	部分有	无	无	一般分类	0.04%	无	有
19　湖南省博物馆	18万余件（组）	846件（组）	低	有	有	有	无	0.47%	无	有
20　广东省博物馆	16.6万件（组）	510件（组）	中	有	有	有	细致分类	0.44%	无	无
21　海南省博物馆	2.19万件（组）	106件（组）	中	部分有	有	无	一般分类	0.48%	无	无
22　重庆中国三峡博物馆	18万余件（组）	95件（组）	高	部分有	部分有	无	无	0.44%	有	无
23　四川博物院	26万余件（组）	181件（组）	低	有	有	无	细致分类	0.07%	无	无
24　云南省博物馆	222871件（组）	19件（组）	低	有	有	无	一般分类	不足 0.01%	无	无
25　西藏博物馆	4万余件（组）	101件（组）	低	无	有	无	细致分类	0.25%	无	无
26　陕西历史博物馆	37万余件（组）	143件（组）	中	有	无	无	无	0.04%	有	无
27　甘肃省博物馆	51615件（组）	28件（组）	高	有	有	无	无	0.05%	无	无
28　宁夏省博物馆	4万余件（组）	53件（组）	低	有	有	无	无	0.13%	无	有
29　新疆维吾尔自治区博物馆	3.2万余件（组）	55件（组）	低	有	有	无	一般分类	0.17%	无	无
30　广西壮族自治区博物馆	42258件（组）	306件（组）	低	有	有	无	一般分类	0.72%	无	无

　　本次研究选取的样本全部为国家级、省级的一级博物馆。选取的博物馆在藏品的数量、等级和种类上都十分丰富,在博物馆内部科研人员结构与相关资金投入等方面也具有很强的优势,可以说是我国博物馆体系的中流砥柱,所以其他地区的博物馆也可见一斑。本次调查中选取的 30 家博物馆的官方网站样本中,平均在线开放藏品数字化率约为 0.24%,其中有 20 家博物馆低于平均水平。30% 的在线数据库图片质量较高;23% 的在线数据库有细节展示;92% 的在线数据库有基本的文字描述;87% 的在线数据库包括尺寸、材质的文字具体描述;33% 的在线数据库有检索栏;30% 有详细的藏品分类;13% 的博物馆有版权意识。故宫博物院和中国国家博物馆的综合指标位居前两位,但是甘肃博物馆与福建博物院的网站设计中,没有设置在线数据库板块,只是单纯地进行馆藏展示。调查选取的博物馆网站大部分进行了改版,功能更加完善,视觉效果更加新颖,设计更为合理。有些博物馆的在线 3D 文物展示做得很好,操作简便,互动性很强。但是有些网站的设计所营造的历史感过于严肃、凝重,字体风格老旧,打开缓慢,网站板块设计混乱,没有分类及检索意识。这会让用户产生一定的距离感,亲和力不够。而欧美和日韩的大多数博物馆的网站设计设计感与科技感强,用户使用方便、快捷、便利。

　　我国博物馆的在线数据库信息开放程度还是比较低的,这一现象产生的原因,首先是在线数据库建设的意识较弱。博物馆对自身的长期密切关注使博物馆逐渐办成了"大型文物库房",而不是服务公众的机构。目前来说,实体博物馆是不可代替的。美国纽约大都会的在线数据库中有很多高清的藏品,但该馆在 2015 财政年度参观者仍超过 630 万人次[①]。其次是博物馆内部数据库建设缓慢。很多博物馆馆藏文物数据统计缓慢,分类含混,标准不一。不断地有文物局的调拨、民间的征集与拍卖会的洽购,更难于系统性地归类,一般馆藏藏品数量越多,越难以整理。海南省博物馆的馆藏为 2 万余件,其在线数据库的建设相对容易,但这对于国家博物馆和故宫博物院来说则是一项庞大的工程。最后就是博物馆单位对先进设备、先进技术上的使用和学习相对来说比较薄弱,缺乏文史与技术兼备的复合型人才,以及数据时代的长远目光。信息化设备的

特点是其更新换代快,新的技术升级频繁,需要专门的技术人员进行操作。博物馆往往是把网站建设的工作委托给第三方人员,平时除了进行一些信息的发布,缺少相关的专业化人才从事网站设计、运营和维护的工作,这就导致在线数据库成为一个摆设。西方国家的世界级顶尖博物馆的网站数字化藏品的图像建设工作的开放程度很高,这对目前我国博物馆在藏品的数字化管理方面具有重要的借鉴作用。

二、西方发达国家博物馆藏品在线数据库建设现状

英国有着悠久的博物馆历史。大英博物馆成立于 1753 年,拥有藏品 800 多万件,是世界上历史最为悠久的综合性博物馆。大英博物馆官方网站的藏品检索系统里目前有 2223872 个记录,这些记录超过 350 万个对象。[①] 其中 915259 条记录中包含一个或多个收藏品的正面、反面、侧面或卷起、展开图像。还有 5000 多张高清图片可供研究人在线免费下载。其开放藏品信息率达到了 11.4%。其检索条件也比较细致、人性化,有 14 条检索项。英国维多利亚与艾伯特博物馆成立于 1852 年,是世界上最大的博物馆,拥有 450 余万件馆藏,其藏品检索系统现有资源 1165498 件,其中 547136 件物品有照片,还在持续更新、增加中。[②] 其开放藏品信息达率到了 12.2%。其在线数据库检索便捷、分类详细,每件物品均有详细标注。

美国大都会博物馆共有约 300 万件藏品,2014 年,大都会将其超过 40 万件的藏品数字化并上线供人浏览,其中还包括那些并未被常规展出的藏品。其网上在线数据库中有 418041 件收藏品[③],开放藏品信息率达到 13.93%。在大都会博物馆的在线数据库中,用户不仅可以查看、下载和分享大图,还能了解这些藏品的全部信息以及藏品入馆后的后续信息。

柏林国家博物馆是由 15 个收藏馆、3 个研究机构和石膏雕像展馆组成的德国大型综合博物馆机构,创立至今一直是展览世界文化与艺术的综合性博物

---

① 数据来自大英博物馆官方网站,统计时间截止到 2015 年 10 月 18 日 24 时。
② 数据来自英国维多利亚与艾伯特博物馆官方网站,统计时间截止到 2015 年 10 月 15 日 24 时。
③ 数据来自大都会博物馆官方网站,统计时间截止到 2015 年 10 月 18 日 24 时。

馆。在柏林国家博物馆网站的 SMB 数据库中有 155050 件物品。①。

荷兰阿姆斯特丹国立博物馆是荷兰最重量级的艺术历史博物馆。馆内收藏着包括荷兰本土与周边地区超过 110 万件的珍贵艺术品和文物。其在线数据库内有资源 524591 件。②

法国巴黎布朗利河岸博物馆(Muséeduquai Branly)是展示亚洲、非洲、大洋洲和美洲有特色的艺术和文化的博物馆,馆藏约为 45 万件,在线藏品共有 292491 件,大多数检索结果有详细标注与清晰图片。

东京国立博物馆是日本历史最为悠久的博物馆,截至 2015 年 3 月底,东京国立博物馆共收藏文物约 11.4 万余件。博物馆由 4 个馆组成,陈列室总面积 1.4 万余平方米,其常设展展出的文物数量始终在 3000 件左右。截止到 2014 年 5 月,东京国立博物馆官方网站在线数据库中共有 27567 件文物。③ 对于同一件文物,会有进行多次拍摄的情况。同一个时间拍摄的文物会被合成一个文件显示,所以约有 9.4 万张能被检索到的文物影像。

全球各主要博物馆的在线数据库建设也极大方便了散落在世界各地的中国文物的整体性研究。以 IDP(International Dun Huang Project)为例,它是一个以保护、研究散落在世界各地的敦煌洞窟宝藏中的绘画、抄本与艺术品等为主题的资料数据库。它整合了英国大英图书馆,中国国家图书馆、敦煌研究院,俄罗斯东方学研究所,日本龙谷大学,德国勃兰登堡科学与人文科学院,法国国家图书馆和韩国高丽大学校民族文化研究院等一批科研机构的资源,让流落世界各地的敦煌宝藏尽可能地聚集在一起,促进宝藏的综合利用。人们可以免费获取 IDP 中的所有资料与图片,并且每天都有更多的资料增加进数据库。IDP 中的图片精度、质量都非常高,一般在几百 KB 到 3MB 之间,包括文书的正面、背面及装帧细节。尺寸较长的经文会分成数个部分分别拍摄。这些举措使国内学者得到了更多的一手资料,极大地促进了敦煌学的研究。

---

① 数据来自柏林国立博物馆官方网站,统计时间截止到 2015 年 10 月 20 日 24 时。
② 数据来自荷兰国立博物馆官方网站,统计时间截止到 2015 年 10 月 22 日 24 时。
③ 数据来自东京国立博物馆官方网站,统计时间截止到 2015 年 10 月 30 日 24 时。

三、中国博物馆在线数据库建设的策略

在线博物馆建设的意义影响深远,应该是未来博物馆信息化发展的趋势之一。通过在线网站数据库的资源共享与开放,人们可以更加方便地进行藏品相关资料的查询,深入了解相关藏品的全方位信息,拓展博物馆社会服务功能。这样做既扩大了展览空间,让更多的馆藏为人所知,又最大限度地向社会提供了藏品信息。

我国博物馆在线数据库建设策略主要有以下几点。

(1)继续推进馆藏物品的整理与采集信息。进行在线数据库的建设首先要完善博物馆内部的数据库建设。建立文物藏品数据库应该继续探寻博物馆的藏品分类与统计标准,突破博物馆管理信息化建设过程中的瓶颈。数据库不仅仅是一个对藏品的简单记录,完善的数据库也可以帮助博物馆在筹备新的展览时进行馆藏文物资料的快速、准确的调取,提高策划展览的效率;再有就是帮助博物馆有目的地征集与购买藏品,填补馆藏空白,明确馆藏物品扩充的方向。博物馆内的藏品来源不同、分类方法不同,应建立藏品的制度化与标准化,建立在线数据库的统一性与开放性[①],让每一件(组)文物都有完善的"身份"系统。

(2)加强对网站构建的软硬件投入力度。目前我国大部分的公立博物馆虽然基本上都建有馆内数据库[②],但是还需要考虑如何把馆内数据库转化为在线数据库。在线数据库的设置,要降低服务器端编程和维护的难度,便于馆内人员操作,保证数据库的定时更新。由于电子设备更新换代较快,博物馆在研究采购相关设备时既要兼顾自身长远发展战略的要求,也要及时购置新的硬件设备。由于受到技术条件的限制,目前在线数据库的展示方式大多都是"图+文"的二维单一展示,只有部分网站实现了文物的全景浏览。"图+文"的展示中,图片的清晰度往往不高,文字描述简单,这样就大大压缩了信息含量。藏品的状态、细节、背面与底面也可能隐藏着重要的信息,影响相关研究的结论。相信随着3D扫描技术在博物馆内的实际运用,这一情况会有所改变。

①　张小李:《论文物藏品信息标准的统一性与开放性》,《中国博物馆》2012年第1期,第62—65页。
②　王如梅:《博物馆数据查询及评估系统》,《文博》2011年第2期,第89—92页。

（3）注重信息化文博人才的培养。由于人才结构的因素，博物馆内部人员接触电子化、信息化的网络设备较晚，对目前的博物馆数据库建设没有一个清晰的认识。首先，从学科设计的角度来说，我国的博物馆教育较为混乱，把文物学、考古学、图情档案同博物馆学混为一谈，难以培养出具有良好博物馆学素养与博物馆未来发展意识的学生，所以我国博物馆学的学科设置需要改进。[①] 其次是博物馆的部门设置应该让更多有计算机、信息化与博物馆学背景的毕业生进入博物馆。并且加强与区域内院校的合作，培养与博物馆信息化建设对口的复合型人才，为他们提供实习机会，参与馆藏信息的录入。在文物基础信息资料的采集工作上，整理文物数据工作应纳入馆内人员业务的考核范围，给予一定的补贴，形成一个长效、稳定的激励体制。这样才会让更多的人参与藏品数据库建设。

（4）博物馆应该积极组织交流学习。一是出国考察。西方博物馆的在线数据库建设已经有了相当成熟的一套规范与操作体系，应该借鉴其外观设计、功能模块、系统软件及用户体验。国家文物局也曾多次组织赴境外考察博物馆的数字化建设情况[②]，但应重点考察数据库数据采集的机制与管理、使用的办法，回国后在文博系统内进行总结与分享。二是国内博物馆之间进行交流学习。像故宫博物院与国家博物馆的在线数据库建设得较为完备，其他博物馆应该与两家单位就数据库建设的相关问题进行交流，或是由国家文物局组织关于数据库建设的培训，争取将成熟的数据库模式引入自身的建设。三是与各大高校建立关系。博物馆可以以课题牵头，组建高校文博学科的老师与学生团队参与在线数据库的设计与操作，设计更加人性化的数据库界面与操控系统。馆校结合的方式也能为高校学生提供一个实践机会，用高校生的创新精神为博物馆注入新的活力。

（5）完善藏品影像的使用条例。我国的大多数博物馆出于国内藏品版权意识的考虑，往往在网站的数据库中上传像素较低的文物图片，或是打上博物馆的水印标志，影响了使用者对在线图片的浏览及相关研究的进展。国内博物馆在线数据库的数据及图片使用条例还没有完善，只是单纯地依赖国内统一的法律条文，而没有制定自己博物馆的数据使用办法。美国大都会艺术博物馆致力于扩展

---

① 陆建松：《试论博物馆学学科发展及其人才培养》，《中国博物馆》2013 年第 1 期，第 60—64 页。
② 贺延军：《博物馆藏品的数字化管理——美国考察记》，《博物馆研究》2014 年第 3 期，第 46—50 页。

学术和学术出版物领域里内的数字图像使用权的广度与自由度,用于学术研究、非商业出版的图片可以免费下载、使用。大英博物馆对文物图像的使用有详细的条款,需要高分辨率的图片只要完成注册就可以免费获得。东京国立博物馆对影像的使用有专门的说明,人们在满足一定条件、非商业用途的情况下,可以无偿使用在线数据库中的所有图像资料。这些为我们提供了很多借鉴。

四、结 语

在线数据库是博物馆服务社会、传递信息的重要渠道。我国博物馆网站的建设已经初步具有在线数据库的意识,但是在信息开放数量与检索便捷程度上还远不及世界其他博物馆的水平。随着我国博物馆信息化程度的加深与科技的发展,博物馆不仅要在拓建新馆、增加藏品与加深研究的方面努力,更要扩大交流,深化博物馆数据库的建设,完善相关机制。要集中人力、物力,把握信息技术带给博物馆的新机遇,加强与西方发达国家博物馆与机构的交流联系,学习管理经验,引进先进技术与系统。博物馆始终要以服务社会为开展工作的中心,不断推进博物馆藏品的数字化与在线数据库的完善,最终实现馆藏文物全部数据化及在线公开的目标。

参考文献

[1] STEVEN CONN. Do Museums Still Need Objects? [M]. Philadelphia:University of Pennsylvania Press,2009.

[2] 何洋,苏晶晶,郭子淳,等.中美博物馆数字化藏品结构设置比较[G]//北京数字科普协会.数字博物馆发展新趋势.北京:中国传媒大学出版社,2014:138-147.

[3] 单霁翔.从"馆舍天地"走向"大千世界"——关于广义博物馆的思考[M].天津:天津大学出版社,2011.

[4] 石秀敏.数据是基础　技术是手段　应用是核心——故宫藏品管理信息系统建设的历程与经验[M]//刘英,张浩达.数字博物馆的生命力——2007年北京数字博物馆研究.北京:中国传媒大学出版社,2007:33-39.

[5] 赵雄.信息化条件下的文物保管[N].中国文物报,2013-02-22(7).

探索以 COD 模式推动博物馆可持续发展

蔡　峻

（杭州国际城市学研究中心 浙江省城市治理研究中心）

【摘　要】博物馆免费开放，最显著的问题是资金短缺。所谓 COD 模式，即以博物馆等文化设施（Cultural facilities Oriented Development）为导向，对城市基础设施和城市土地进行一体化开发和利用，形成土地融资和城市基础设施投资之间自我强化的正反馈关系，通过对城市基础设施的投入改善企业的生产环境和居民的生活质量，进一步带动土地的增值，进而通过土地的增值反哺城市的发展。博物馆 COD 发展模式的方法和路径，是将博物馆放到城市发展的整体框架中予以考量，在新城新区建设中通过"多规合一"，在旧城改造中通过"有机更新"，以城市"无形资产"带动"有形资产"升值，以城市综合环境的提升带动城市整体品牌的增值。

【关键词】博物馆免费　基础设施　城市土地

2008 年，国家四部委联合发出《关于全国博物馆、纪念馆免费开放的通知》，要求除文物建筑及遗址类博物馆之外，全国各级文化文物部门归口管理的公共博物馆、纪念馆、全国爱国主义教育基地要逐步面向公众免费开放。

免费开放，不仅对博物馆自身的管理能力及服务水平，各级政府的管理及参观观众的素质提出了挑战，在社会主义市场经济体制下，最严重的问题还是资金短缺。（彭玉华，2008）现阶段，诸如博物馆、纪念馆类的国家公益文化事业单位，非营利性明显，经费来源主要靠单一的政府财政拨款和补助等渠道。因为政府没有明确的扶植鼓励公益文化事业的政策，对附属于文化单位的经营实

体没有相应的减免税优惠政策;社会民间力量的介入也很少,更加剧了财政的负担。(周静,2008)

丁茂战(2006)建议建立统筹安排的公益性事业财政供给制度,更好地发挥这些补贴的作用,加强对财政资金的管理,提高资金配置的合理性和利用效率。魏鹏举(2008)主张建立公益文化资金管理机制,实现多渠道筹资。史韶霞、高宝仕(2010)则建议在资金来源上,改变政府单一供给的模式,调动为文化事业建设投资并参与公益性文化活动的社会各方面力量,并制定相应的优惠政策。李爱国、王征(2008)经过综合分析,将国外公益性文化设施的经费模式分为三种:一种是美国的财政补助、收入分成管理模式;一种是以俄罗斯、埃及、芬兰为代表的财政补助、自收自支模式;一种是意大利的财政拨款、收入上缴模式。

从我国城市化的现实经验来看,博物馆的规划建设往往有突出的显性外部效应,很容易得到财政预算的支持,特别是在现有行政管理体制之下,文化设施建设的"从无到有"既能成为政绩的"丰碑",也能成为老百姓的"口碑",从而获得充足的一次性投入,然而建成后的运营经费,包括人员配套、展陈升级、后续建设和损耗更新等列支项目,往往得不到充分的保障,最为凸显的矛盾就是通俗而言的"钱从哪里来"。

相应的政策建议,往往是类似于"政府要高度重视、财政预算不能削减、公益资金应当大力支持"这样"头痛医头、脚痛医脚"的就事论事,而问题的关键在于,能否突破现有框架,溯及问题源头,发现博物馆的价值并在城市化进程中得以体现。

一、把博物馆作为城市基础设施的趋势

城市基础设施的理论研究,源起于"社会间接资本"的提出,美国经济学家罗根纳·纳克斯在其1953年出版的《不发达国家的资本形成》一书中指出,社会间接资本不仅包括公路、铁路、电信系统、电力和供水等,而且还应包括学校和医院。在纳克斯看来,"贫困恶性循环"的原因在于资本缺乏、资本形成不足。艾伯特·赫希曼(1958)指出,社会间接资本是指那些进行第一、第二和第三产业活动所不可缺少的基本服务。社会间接资本有广义和狭义之分。"就其广义而言,包括从法律、秩序以及教育、公共卫生,到运输通信、动力、供水以及农业间接资本如灌溉、排水系统等所有的公共服务。"狭义的社会间接资本主要是指交通和动力。冯兰瑞(2004)对英文"infrastructure"即基础结构或基础设施的理解是:基础设施包含广义和狭义两种。狭义的基础设施是指交通运输、通讯体系、能源等公共设施。广义的基础设施还包括一些提供无形产品的部门,如教育、文化、科学、卫生等。刘伦武(2004)认为,基础设施主要是指交通运输、邮电通讯、环境保护、文化教育、卫生保健和社会福利等为生产和生活服务的设施。

根据联合国标准,广义的城市基础设施由三部分构成:一是包括公共事业、公共工程、交通设施在内的经济基础设施,主要包括电力、电信、自来水、卫生设施与排污、固体废弃物的收集与处理;管道煤气;公路、大坝、灌溉及排水用的渠道工程;铁路,城市交通、港口、水路以及机场等。二是包括文化教育、医疗保健等在内的社会基础设施。这些设施主要是指向社会提供无形产品或服务的部门,它们对经济、社会的长远发展主要起间接的推动作用,包括科学研究、教育、文化、卫生保健和社会福利等部门。三是包括城市湿地公园、绿化带等在内的生态基础设施。罗斯托的经济发展阶段理论证明,在城市发展的初级阶段,城市公共投资的重点是提供道路、运输、水电等必要的自然垄断性公共物品,为城市生产企业创造条件,为居民生活提供便利;在城市发展进入成熟期以后,公共物品的投资重点则转向教育、文化、医疗等优效性公共物品。

二、博物馆 COD 发展模式的必要性和可行性

中国城市化率从2013年突破50%以来,进入了一个更新、更快的发展阶段,在这一阶段,城市基础设施建设仍然需要大量资金,一方面需要公共财力充分挖掘潜力加大投入,另一方面必须积极创新投融资机制。政府统一解决城市化成本的支付,一般的途径包括:一是城市财政预算安排;二是从国有资产的经营性收益中支付;三是推行 PPP(Public Private Partnership)模式;四是从城市土地收益中支付。(王国平,2014)

以杭州为例,2015年全年财政总收入2238亿元,然而其中近一半需上缴国家和省财政,地方一般公共预算收入只有1234亿元,其中能够真正用于诸如公园、学校、医院、体育场馆、图书馆、博物馆等广义城市基础设施建设的资金仅

100 多亿元,就城市财政预算安排而言,这些资金对于城市基础设施建设所需的巨额投入来说十分有限。杭州有 10 多家经营效益良好的国有公司,但每年也仅有 5 亿到 6 亿元可以用于支持政府投资的基础设施建设,因此就国有资产经营性收益支付而言也是杯水车薪。PPP 模式概念新颖,也被旁征博引,但关键问题在于,这种模式要保证社会资本盈利,因此必须配套收费和还贷机制,同时社会资本还要与公共资本和财政资本捆绑,共同承担经营风险,对于具有公共产品属性的广义基础设施而言也不尽适用。因此,财政预算安排、国有资产的经营性收益、PPP 模式,对解决城市化成本支付问题的作用有限。

就城市土地收益而言,土地作为城市经济中最基本、最活跃的要素,是城市经济发展的基本载体,在城市建设中起着关键性作用。土地是城市建设的基本要素,城市的建设发展过程就是使用城市土地的过程,科学管理与合理利用城市土地是城市获得可持续发展的保证,是城市规划建设的核心问题。土地出让收入和土地抵押贷款,作为地方政府的"第二财政",在支持地方政府城市基础设施投资方面尤其发挥着关键性作用。刘守英、蒋省三(2005)通过对东南沿海地区若干县市的分析发现,其每年高达数百亿元的基础设施建设投资中,只有 10% 源于财政投入,90% 与土地相关,其中土地出让金约占 30%,另 60% 通过土地抵押从贷款融资渠道获得。

作为为发展生产、保证生活供应和保护生态环境而创造共同条件、提供公共服务的部门、设施,城市基础设施越发达,其经济运行越顺畅、越有效,人们生活越便利,生活质量越高。所谓 COD 模式,是指以博物馆、图书馆、文化馆、歌舞剧院等文化设施(Cultural facilities Oriented Development)为导向,对城市基础设施和城市土地进行一体化开发和利用,促使城市基础设施投资能够在短期内显著地资本化到土地价格中,形成土地融资和城市基础设施投资之间自我强化的正反馈关系,通过对城市基础设施的投入改善企业的生产环境和居民的生活质量,进一步带动土地的增值,进而通过土地的增值反哺城市的发展。

三、博物馆 COD 发展模式的方法和路径

博物馆 COD 发展模式的实质在于,城市"无形资产"带动"有形资产"升值,城市综合环境的提升带动城市整体品牌的增值,将博物馆放到城市发展的整体

框架中予以考量,按照管委会的模式建立实体化管理建制,划小财政核算单位,摆脱单纯依靠财政拨款的方式,寻求"资金自求平衡"的解决之道。通过构建文化综合体的方式,将传统博物馆提升为兼容性博物馆,坚持博物馆展陈区域免费开放,打造品牌,凸显社会效益;改善博物馆周边水、声、气、土、绿植等生态环境,凸显生态效益;在周边地块适度开发和利用,通过环境的独特性和优质性兼容吃、住、行、游、购、娱、商务办公等服务经济、文创经济、信息经济,凸显经济效益;将社会效益、生态效益、经济效益三者叠加并良性循环,从而体现系统化的发展方式。

对于新城新区,通过"多规合一",将博物馆等文化设施的规划建设与所在地块的空间规划,所属行政区域内的经济社会发展规划,周边的道路交通规划、土地利用规划及环境保护规划,整合在"一张图""一盘棋"中。如杭州市低碳科技馆,位于滨江区闻涛路以南,秋水路以北,江汉路以东,腊梅路以西地块,总建筑面积3.37万平方米,总投资超过4亿元,本身按照"国家绿色建筑三星级"标准进行设计和建设,采用了太阳能光电、雨水利用、地源热泵系统等技术,专门设立了儿童科技乐园,让小朋友在互动小游戏中认识低碳,在引领老百姓低碳生活方面巧妙设计了许多前卫概念和互动展示,建成以来成为滨江区沿江景观带的地标式建筑,并与辖区内发展高新技术产业、营造宜居宜业环境有机融合。

对于旧城改造,通过有机更新,将博物馆等文化设施的维护运营与老城区道路、河道的有机更新融合发展。比如杭州市的拱墅区曾是传统重化工业集聚区,辖区内拥有杭钢、半山电厂、中石化炼油厂、浙麻、杭丝联等众多大中型国有企业。在旧城改造、工业企业搬迁过程中,拱墅区将工业遗产厂房、仓库改建为杭州工艺美术博物馆、中国刀剪剑博物馆、中国扇博物馆、中国伞博物馆,坚持免费开放,并与京杭大运河综合保护治理齐头并进,培育出了新旅游产品,并助力全区服务、高新、总部(楼宇)、文创等四大经济业态的发展,实现了老城区的蝶变。

参考文献

[1] 彭玉华.博物馆:免费开放背后[N].吉林日报,2008-06-05(16).

[2] 周静.现代博物馆管理模式探析[J].东南文化,2009(4):94-97.

[3] 丁茂战.我国政府社会事业治理制度改革研究[M].北京:中国经济出版

社,2006.

[4] 魏鹏举,周正兵.文化产业投融资[M].长沙:湖南文艺出版社,2008.

[5] 史韶霞,高宝仕.博物馆免费开放的实践与思考——以青岛市博物馆为例[N].中国文物报,2010-03-03.

[6] 李爱国,王征.国外公益性文化设施的经费模式[N].中国文化报,2008-03-23.

[7] 艾伯特·赫希曼.经济发展战略[M].曹征海,潘照东,译.北京:经济科学出版社,1991.

[8] 冯兰瑞.21世纪加快城市化的明智选择[J].市场经济研究,2004(1):4-6,9.

[9] 刘伦武.基础设施投资对经济增长的推动作用研究[M].北京:中国财政经济出版社,2004.

[10] 王国平.城市怎么办:第9卷[M].2版.北京:人民出版社,2014.

[11] 刘守英,蒋省三.土地融资与财政和金融风险——来自东部一个发达地区的个案[J].中国土地科学,2005(5):3-9.